为图像添加卷页的前后对比效果

运用平衡调整位图颜色的前后对比效果

应用卷页滤镜特效的前后对比效果

设置背景为图案的前后对比效果

运用涂抹工具绘制的前后对比效果

运用橡皮擦工具变形图形的前后对比效果

绘制星形的前后对比效果

将曲线转变为直线的前后对比效果

改变节点属性的前后对比效果

绘制网格的前后对比效果

精确倾斜对象的前后对比效果

为图形对象进行缩放的前后对比效果

分布对象的前后对比效果

调整多个对象顺序的前后对比效果

修剪对象的前后对比效果

群组对象的前后对比效果

简化对象的前后对比效果

应用修整泊坞窗的前后对比效果

分离对象轮廓的前后对比效果

按照相反顺序排列图形的前后对比效果

修剪图形的前后对比效果

导入文本的前后对比效果

创建横排美术文本的前后对比效果

直接将文本填入路径的前后对比效果

创建段落文本的前后对比效果

运用剪贴板复制文本的前后对比效果

运用属性栏设置文本的前后对比效果

将美术字转换为段落文本的前后对比效果

职业白金版

CorelDRAW

中文版基础与实例教程

龙 飞 　　　　编著

飞思数字创意出版中心 　监制

电子工业出版社

Publishing House of Electronics Industry

北京·BEIJING

内 容 简 介

本书为一本 CorelDRAW 基础与实例教程，通过"理论＋实例"的方式，为读者奉献了 40 个应用技巧点拨、70 个经典专家提醒、200 多个典型技能案例、500 多分钟语音教学视频、1100 多张图片讲解，帮助读者掌握 CorelDRAW，快速从新手成为 CorelDRAW 设计高手。

全书共分为 11 章，主要内容包括 CorelDRAW 软件核心快速入门、文件操作与版面设置、绘制与编辑简单图形、调整与编辑图形对象、组织与管理图形对象、编辑图形轮廓与填充、创建与编辑文本对象、制作对象特殊效果、编辑和应用位图、应用位图滤镜与输出和职业案例综合运用。其中第 11 章通过 5 个广告实例，讲解使用 CorelDRAW 软件设计平面广告的方法和技巧。

本书结构清晰、语言简洁、实例丰富、版式精美，适合于各类计算机培训中心、中职中专、高职高专等院校及相关专业的辅导教材，同时也适合 CorelDRAW 初级与中级读者、平面设计人员以及广告设计人员等阅读。

图书在版编目（CIP）数据

CorelDRAW 中文版基础与实例教程 ：职业白金版/龙飞编著. -- 北京 ：电子工业出版社，2012.4
（培训专家）

ISBN 978-7-121-15733-2

Ⅰ. ①C… Ⅱ. ①龙… Ⅲ. ①图形软件，CorelDRAW－教材 Ⅳ. ①TP391.41

中国版本图书馆 CIP 数据核字(2012)第 008673 号

责任编辑：侯琦婧
文字编辑：江 琴 杨 源
印　　刷：北京天宇星印刷厂
装　　订：三河市鹏成印业有限公司
出版发行：电子工业出版社
　　　　　北京市海淀区万寿路 173 信箱　邮编：100036
开　　本：787×1092　1/16　印张：21.5　字数：612 千字　彩插：4
印　　次：2012 年 4 月第 1 次印刷
定　　价：49.00 元（含光盘 1 张）

❑ 软件简介

CorelDRAW X5 中文版是 Corel 公司推出的矢量绘图软件，它界面友好、功能强大、操作简便，已经被广泛应用到各类广告设计中，如户外广告、包装设计、POP 广告设计以及房地产广告设计等领域，是目前世界上优秀的平面设计软件。

❑ 本书特色

● 11 大核心技术精解

本书体系结构完整，由浅入深地对 CorelDRAW X5 基础知识、创建与编辑文本对象以及应用位图等内容进行了全面细致讲解，帮助读者快速学习 CorelDRAW 设计软件，从入门到精通。

● 40 个应用技巧点拨

作者在编写时，将平时工作中总结的 CorelDRAW 实战技巧与设计经验奉献给读者，不仅内容丰富，而且提高了本书的含金量，更方便读者提升自己的实战技巧，从而提高学习与工作效率。

● 70 个经典专家提醒

作者在编写时，将平时在进行平面设计实践操作中所积累的各种经验，通过专家提醒的方式进行呈现，共计 70 个，使读者更能详细地理解其步骤的原理和作用，以及学到更多的设计方法。

● 200 个典型技能案例

本书是理论与实例相结合的技能手册，技能案例共计 200 多个，可以掌握超出同类书大量的实用技能和方法，通过实战演练的方式可以逐步掌握软件的核心技能与操作技巧。

● 500 多分钟视频演示

书中 200 多个技能实例全部录制了带语音讲解的视频演示，时间长达 500 多分钟，重现了书中所有技能实例的操作步骤，读者可以结合书本，同时也可以用观看视频演示的方式，像看电影一样进行学习。

● 1100 张图片全程图解

本书采用了近 1100 张图片对软件的技术与实例进行了全程式的图解，通过这些辅助的图片，让实例的内容变得更加通俗易懂，读者可以一目了然，快速领会其中的要点，掌握其方法，大大提高学习的效率。

❑ 内容编排

全书共分为 11 章，具体内容如下。

- 第 1 章 CorelDRAW 快速入门

本章主要介绍了图形图像知识，熟悉工作界面，了解变形与交互式工具和位图及位图滤镜，使读者达到初步认识和使用这一绘图软件的目的。

- 第 2 章 文件操作与版面设置

本章主要介绍文件的基本操作，辅助工具的应用和设置，标注图形的运用，版式的基本设置以及版式显示的基本操作，使用户能得心应手地对文件进行操作。

- 第 3 章 绘制与编辑简单图形

本章主要讲解运用工具绘制直线与曲线，绘制不规则图形，绘制几何图形，编辑直线与曲线，从而使用户能够更好地掌握绘制与编辑图形。

- 第 4 章 调整与编辑图形对象

本章主要介绍了选择图形对象，编辑图形对象，操作图形对象和调整图形对象，使用户能够熟练地掌握调整与编辑图形对象的方法和技巧。

- 第 5 章 组织与管理图形对象

本章主要向读者讲述调整图形对象，组合图形对象，组织图形对象和管理图形对象的方法，使用户自如地对图形对象进行组织与管理操作。

- 第 6 章 编辑图形轮廓与填充

本章主要介绍了选取颜色，使用调色板，设置轮廓属性，单色与渐变填充和图案，另外还向读者介绍了底纹填充图形对象的方法与技巧。

- 第 7 章 创建与编辑文本对象

本章主要向读者介绍了输入与编辑文字，制作文字特殊效果，添加文本封套效果，设置段落文本属性，插入特殊字符以及制作文本路径效果的操作方法。

- 第 8 章 制作对象特殊效果

本章主要向读者介绍使用艺术笔工具，调和与轮廓效果，交互式透明效果，变形与阴影效果，透镜与透视效果，封套与立体化效果等制作对象特殊效果。

- 第 9 章 编辑和应用位图

本章主要向读者介绍位图的编辑，位图对象的精确剪裁，位图色彩模式的转换，同时还向读者介绍了位图色彩与色调的调整，位图对象的编辑等内容。

- 第 10 章 应用位图滤镜与输出

本章主要向读者介绍了常用位图滤镜，其他位图滤镜的使用，输入图像，设置打印，输出图像的方法，使用户能够熟练应用位图滤镜，以及对图像的输出方法。

- 第 11 章 职业案例综合运用

本章主要运用 CorelDRAW X5 的软件设计会员卡、相机 POP 广告、汽车广告、房产广告和梅竹家园手提袋，通过对实例的操作，加深用户对 CorelDRAW X5 主要功能的熟悉和运用，同时帮助用户将各章内容融会贯通，达到举一反三的目的，从而制作出更多的优秀作品。

❑ 光盘内容

本书附带的光盘包含两大部分内容：一是各章节实战范例的语音教学视频，重现书中所有实例操作过程；二是书中有关实例的素材、效果的源文件。

❑ 本书适合对象

本书专为平面设计初、中级读者编写，适合以下读者学习使用：

（1）各类计算机培训中心，大、中专院校相关专业学生。

（2）想学习 CorelDRAW X5 软件的初、中级读者。

（3）平面设计人员以及广告设计人员。

❑ 作者售后

本书由龙飞编著，同时参加编写的人员还有柏松、谭贤、宋金梅、刘嫔、杨闰艳、苏高、刘东姣、周旭阳、袁淑敏、谭俊杰、徐茜、杨端阳、谭中阳等人。由于时间仓促，书中难免存在疏漏与不妥之处，欢迎广大读者来信咨询和指正，联系邮箱：itsir@qq.com。

❑ 版权声明

本书及光盘中所采用的图片、模型、音频、视频和赠品等素材，均为所属公司、网站或个人所有，本书引用仅为说明（教学）之用，绝无侵权之意，特此声明。

编著者

2011 年 11 月

咨询电话：（010）88254160　88254161-67

电子邮件：support@fecit.com.cn

服务网址：http://www.fecit.com.cn　　http://www.fecit.net

目 录
CONTENTS

Contents

第 ① 章　CorelDRAW 软件核心快速入门

CorelDRAW X5 是一款基于矢量图形的设计软件，CorelDRAW X5 集版面设计、图形绘制、文档排版和图形高品质输出等功能于一体，在广告设计、产品包装设计、UI 造型设计和插画等诸多方面得到广泛的应用。本章向读者介绍 CorelDRAW 的基础知识，主要包括了解图形图像知识和掌握绘图工作界面等内容。

本章重点

- 了解图形图像知识
- 熟悉 CorelDRAW 工作界面
- 变形与交互式工具快速入门
- 位图及位图滤镜快速入门
- 本书知识体系总体预览

实例效果欣赏

视频演示

1.1　了解图形图像知识

用户在运用 CorelDRAW X5 绘制与编辑图形之前，需要对图形和图像方面的知识有所了解，如图像类型、图像格式、颜色模式以及文件格式等，尤其对于 CorelDRAW X5 这样专业的图形绘制软件，更应该牢牢掌握这些知识点。

1.1.1　矢量图与位图

图像大致可以分为两类，分别为矢量图像和位图图像。矢量图是由一系列线条所构成的图形，而这些线条的"颜色"、"位置"、"曲率"和"粗细"等属性都是通过许多复杂的数学公式来表达的。位图是一个个像素点组合生成的图像，不同的像素点以不同的颜色构成了完整的图像。

1. 矢量图

矢量图是运用 CorelDRAW、Illustrator、Freehand 和 AutoCAD 等软件绘制而成的，由于矢量图记录的是所绘对象的几何形状、线条粗细和色彩等，因此它的文件所占的存储空间较小。

矢量图与分辨率无关，在矢量图中，可以将图形进行任意放大和缩小，而不会影响它的清晰度和光滑度，如图 1-1 所示。

图 1-1　矢量图放大的前后对比效果

专家提醒

　　由于矢量图是用数学公式来定义线条和形状的，且它的颜色表示都是以面来计算的，因此它不像位图那样能够表现很丰富的颜色，在绘制过程中也不能像位图那样随心所欲地绘制和擦除图像。

2. 位图

位图是以点阵方式保存的图像，弥补了矢量图形的缺陷，可以逼真地表现自然界的景物。由于系统在保存位图时保存的是图像中各点的色彩信息，因此，这种图像的优点是画面细腻，主要用于保存各种照片图像。但是位图的缺点是文件占用的存储空间较大，且和分辨率有关。因此，将位图放大到一定程度后，图像将变得模糊，如图 1-2 所示。

图 1-2　位图图像放大的前后对比效果

　　位图的优点是可以表现非常丰富的图像效果，而缺点是在保存位图时，计算机需要记录每个像素点的位置和颜色，所以图像像素点越多，图像越清晰，而文件所占硬盘空间也越大，在处理图像时计算机运算速度也就越慢。

1.1.2　像素与分辨率

在实际应用中，为了能够制作出高质量的图像，用户需要理解图像的像素资料是如何被测量和显示的。

1. 像素

位图图像是由许多点组成的，这些点被称为"像素"。当许多不同颜色的点组合在一起后，便构成了一幅完整的图像。保存位图图像时，需要记录图像中每一个像素的位置和色彩数据，因此，图像的像素越多，文件也就越大，处理速度也就越慢，但由于它能记录下每一个像素的数据信息，因而可以精确地记录色调丰富的图像，逼真地表现自然界的景观，达到照片般的品质，如图 1-3 所示。

2. 分辨率

分辨率简单地说，就是图像的单位面积内包含的像素数目，常用的分辨率单位是 dpi。当图像尺寸固定时，分辨率越高，图像单位面积内所包含的像素点越多，图像就越清晰，如图 1-4 所示，文件也会越大；反之，分辨率越低，图像就越模糊，如图 1-5 所示，文件就越小。

图 1-3　自然景观

图 1-4　分辨率高

图 1-5　分辨率低

1.1.3　图形颜色模式

CorelDRAW X5 能够以多种颜色模式显示图像，常用的颜色模式有黑白模式、灰度模式、RGB 模式、Lab 模式以及 CMYK 模式等，每种色彩模式都有不同的色域，并且各个模式之间可以互相转换，颜色模式决定了图像显示的颜色数量，也影响图像的文件大小。

1．黑白模式

黑白模式没有中间层次，只有黑和白两种颜色。它的每一个像素只包含一位数据，占用的磁盘空间较少。因此，在该模式下不能制作出色调丰富的图像，只能制作黑白两色的图像，如图 1-6 所示，当一幅彩色图像要转换成黑白模式时，不能直接转换，必须先将图像转换成灰度模式。

2．灰度模式

灰度模式可以使用多达 256 级灰度来表示图像，使图像的过渡更加平滑、细腻，图像的每个像素都包含一个 0~255 之间的亮度值。灰度值也可以用黑色油墨覆盖的百分比来表示，所以说在灰度模式中，亮度是唯一能够影响灰度图像的因素，如图 1-7 所示。

图 1-6　黑白模式

图 1-7　灰度模式

3．RGB 模式

RGB 模式是应用最广泛的一种颜色模式，它是一种加色模式，不管是扫描输入的图像，还是绘制的图像，几乎都是以 RGB 模式存储的。在 RGB 模式下处理图像较为方便，而且 RGB 模式的图像文件比 CMYK 模式的图像文件要小得多，可以节省内存和存储空间。

RGB 颜色模式由红、绿、蓝 3 种原色构成，R 代表红色、G 代表绿色、B 代表蓝色，它们的取值都为 0~255 之间的整数。例如 R、G、B 均取最大值 255 时，叠加起来会得到纯白色；而当所有取值都为 0 时，则会得到纯黑色。

4．Lab 模式

Lab 模式是作为一个国际颜色标准规范来创建的，是一种与设备无关的颜色模式，它是以一个亮度分量 Lightness 以及两个颜色分量 a 与 b 来表示颜色的。

Lab 模式所含的颜色最广，包含了所有 RGB 和 CMYK 模式中的颜色，主要用于工业用途。

5．CMYK 模式

CMYK 颜色是一种用于印刷的颜色，由 4 种颜色构成，C 代表青色、M 代表品红、Y 代表黄色、K 代表黑色，各种颜色都可以由这 4 种颜色混合而成。CMYK 模式是一种减色模式，每一种颜色所占的百分比范围为 0~100%，百分比越高，颜色越深。

1.1.4　常用文件格式

在 CorelDRAW X5 中，可以打开或导入不同格式的文件，也可为编辑的图形图像选择所需的格式进行存储，下面将具体向读者介绍几种常见的文件格式。

1．CDR 格式

CDR 格式是 CorelDRAW 的专用存储格式，可以记录文件的属性、位置和分页等，其兼容性比较差，只能在 CorelDRAW 应用程序中打开并进行编辑，其他图像编辑软件打不开此类文件。CDR 格式的图像文件是矢量图形，文件在缩小或放大时，不会产生失真的现象，并且文件所占的空间较小。

2．JPG 格式

JPG 格式是一种有损压缩格式，它可以通过控制压缩比来控制压缩后图像的质量，在压缩保存图像的过程中，会以失真的方式丢掉一些数据，因而，保存后的图像没有原图质量好，但是不太明显。JPG 格式最大的特色就是文件比较小，是目前所有格式中压缩率最高的格式。

3．BMP 格式

BMP 是英文 Bitmap（位图）的简写，它是 Windows 操作系统中的标准图像文件格式，该格式也具有压缩功能，它可以保存 Ibit（黑白）到 24bit（全彩）的 RGB 色彩阶数。BMP 格式能够被多种 Windows 应用程序所支持。这种格式的特点是包含的图像信息较丰富，几乎不进行压缩，但也由此导致了它与生俱来的缺点——占用磁盘空间过多。

4．GIF 格式

GIF 是英文 Graphics Interchange Format（图形交换格式）的缩写。它的特点是压缩比高，磁盘空间占用少，所以这种图像格式迅速得到广泛应用。最初的 GIF 只是简单地用来存储单幅静止图像，后来随着技术的发展，可以同时存储若干幅静止图像，进而形成连续的动画，使之成为支持 2D 动画为数不多的格式之一。

GIF 有一个小小的缺点，即不能存储超过 256 色的图像。尽管如此，这种格式仍在网络上大行其道，这和 GIF 图像文件短小、下载速度快、可用许多具有同样大小的图像文件组成动画等优势是分不开的。

5. AI 格式

AI 是 Adobe Illustrator 的专用格式，现已成为业界矢量图的标准，可在 Illustrator、CorelDRAW 和 Photoshop 中打开编辑。在 Photoshop 中打开编辑时，将由矢量格式转换为位图格式。

6. PSD 格式

PSD 格式是 Adobe 公司的图像处理软件 Photoshop 的专用格式，它可以保存图层、通道和颜色模式等信息。由于它保存的信息比较多，所以生成的文件也较大。保存为 PSD 格式的文件在 Illustrator 和 Photoshop 软件中交换使用时，图层、文本等都保持可编辑性。

1.2 熟悉 CorelDRAW 工作界面

启动 CorelDRAW X5 应用程序后，即可显示 CorelDRAW X5 的工作界面，如图 1-8 所示。CorelDRAW X5 的工作界面主要由标题栏、菜单栏、标准工具栏、工具属性栏、工具箱、泊坞窗、滚动条、绘图页面、调色板、状态栏、标尺、网格以及页面控制栏等部分组成。下面向读者简单介绍工作界面的各组成部分。

图 1-8　CorelDRAW X5 的工作界面

熟悉工作界面的组成

前面向读者提到 CorelDRAW 工作界面的组成部分，接下来向读者分别介绍各组成部分的基本功能，以供读者快速了解这个软件。

1．标题栏

标题栏位于应用程序窗口的顶端，如图 1-9 所示，用于显示当前正在运行程序的名称及文件名等信息。标题栏右侧有 3 个按钮，依次为"最小化"按钮■、"向下还原"按钮▣和"关闭"按钮☒。标题栏的最左侧是软件控制图标，单击此图标，会弹出 CorelDRAW X5 窗口控制菜单，运用该菜单中的相应选项，可以对窗口进行最小化、最大化、调整大小、移动和关闭等操作。

图 1-9　标题栏

2．菜单栏

菜单栏位于标题栏的下方，包括"文件"、"编辑"、"视图"、"布局"、"排列"、"效果"、"位图"、"文本"、"表格"、"工具"、"窗口"和"帮助"12 个菜单，如图 1-10 所示。在每个菜单中包含了一系列菜单命令，在使用菜单命令时，要先选定目标对象，然后再执行相应的命令即可。

图 1-10　菜单栏

3．.标准工具栏

标准工具栏由若干个工具按钮和下拉列表框组成，主要用于管理文件，如对文件进行新建、打开、保存、打印、剪切、复制和粘贴等操作，如图 1-11 所示。

图 1-11　标准工具栏

4．工具属性栏

工具属性栏中包含了与当前所用工具或所选对象相关的属性设置，这些设置随着所用工具和所选对象的不同而变化，如图 1-12 所示分别为缩放工具属性栏和滴管工具属性栏。

图 1-12　工具属性栏

5．工具箱

默认状态下，工具箱位于程序窗口的左侧，其中几乎汇集了 CorelDRAW X5 中所有的操作工具，如挑选工具、形状工具、缩放工具、艺术笔工具、智能填充工具、文本工具、交互式工具、轮廓线工具和填充工具等。在工具箱中，有些工具按钮的右下角有一个黑色三角形，表示这是一个工具组，单击该黑色的三角形，会弹出工具组中隐藏的工具。如图 1-13 所示为处于浮动状态下的工具箱。

图 1-13　工具箱

用户将鼠标置于工具栏、属性栏、工具箱上，单击鼠标左键并拖曳，可将其拖出为单独的一栏，用户可以任意放置其位置，用户也可以将竖栏调整为横栏形状。

6．页面控制栏

在 CorelDRAW X5 中可以同时创建多个页面，页面控制栏则是用来管理页面的，通过页面控制栏，用户可以切换到不同的页面，以查看各页面的内容，可以进行添加页面或删除页面等操作，还可以显示当前页码和总页数，如图 1-14 所示。

图 1-14　页面控制栏

7．调色板

CorelDRAW X5 提供了多种预设的调色板，单击"窗口"|"调色板"命令，在弹出的子菜单中单击相应调色板命令，即可打开或关闭相应的调色板。用户在绘图页面或工作区中创建图形对象后，选择该对象，然后单击调色板中的相应色块，即可更改对象的填充颜色，如图 1-15 所示。

图 1-15　更改对象的填充颜色

　　在更改对象的填充颜色的时候，选择左侧调色板上所需要的颜色，单击鼠标左键可改变对象的填充颜色，而单击鼠标右键则是改变所选对象的轮廓颜色。

8．状态栏

启动 CorelDRAW X5 应用程序后，状态栏默认被放置在窗口的最下方，如图 1-16 所示。状态栏用于显示当前工作状态的相关信息，如对象大小、所在图层、鼠标指针位置、填充色、轮廓色和当前工具的快捷操作等。单击"窗口"|"工具栏"|"状态栏"命令，可以显示或隐藏状态栏。

宽度: 210.198 高度: 296.241 中心: (105.670, 148.782) 毫米　　　　位图 (RGB) 于 图层 1 48 x 51 dpi　　　　无
(-52.810, 35.182)　单击对象两次可旋转/倾斜；双击工具可选择所有对象；按住 Shift 键单击可选择多个对象；按住 Alt 键单击可进行挖掘；按住 Ctrl ...　无

图 1-16　状态栏

9．绘图页面

绘图页面是工作界面最中间的矩形区域，绘图页面也称为操作区，矩形边沿的区域它只有在绘图页面内的图形才能被打印出来。绘图页面的大小是可以更改的，用户可根据不同的需要对其进行相应的设置，如图 1-17 所示。

10．标尺

标尺分为水平标尺和垂直标尺，其作用是在绘制图形时，帮助用户准确地绘制或对齐对象，并且还可以用于测量对象的大小。单击"查看"|"标尺"命令，可以显示或隐藏标尺。默认情况下，标尺的原点位置在绘图页面的左上角，若在标尺左上角原点位置的⊡按钮上按住鼠标左键不放并拖曳，则可将标尺的原点确定在鼠标释放的位置，如图 1-18 所示。

图 1-17　绘图页面

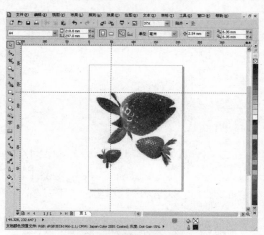
图 1-18　改变标尺原点位置

11．泊坞窗

泊坞窗是 CorelDRAW X5 的重要组成部分，其中包括了许多面板，也提供了许多的功能，通过使用泊坞窗，可以在设计时给用户提供更多的方便。单击"窗口"|"泊坞窗"命令，在弹出的子菜单中列出了所有泊坞窗的名称，如图 1-19 所示，若选择"调和"选项，即可弹出"混合"泊坞窗，如图 1-20 所示。

图 1-19　单击"泊坞窗"命令

图 1-20　弹出"混合"泊坞窗

专家
提醒

用户可以同时在 CorelDRAW 中打开多个泊坞窗，它们将共享一个空间，通过单击其右侧的功能标签，可以方便地在多个泊坞窗间进行切换。

1.3 变形与交互式工具快速入门

在绘图页面中完成图形的绘制后，其基本形状可能不能满足用户的要求，此时，用户便可使用 CorelDRAW X5 提供的变形工具对绘制的图形进行相应的编辑与调整。

同时，CorelDRAW X5 还为用户提供了许多用于为对象添加特殊效果的交互式工具，包括交互式调和工具、交互式轮廓图工具、交互式阴影工具、交互式封套工具、交互式立体化工具及交互式透明工具。运用这些工具可以创建交互式效果，也可通过相应的属性栏来编辑效果。

1.3.1 了解变形工具

CorelDRAW X5 提供了 8 种变形工具，分别为形状工具、涂沫笔刷、粗糙笔刷、自由变换、裁剪工具、刻刀工具、橡皮擦工具和虚拟段删除工具，通过实战范例的形式，让读者形象地、直观地了解这些变形工具的使用方法和技巧。

实战范例——应用变形工具

下面分别用实例的形式来具体介绍各应用变形工具的使用方法。

1. 形状工具

通过使用形状工具可以调节图形和位图上的节点、控制柄或轮廓曲线，如将直线转换为曲线、曲线转换为直线。

运用形状工具变形的具体操作步骤如下：

	素　材：	素材\第 1 章\卡通字符.cdr	效　果：	效果\第 1 章\卡通字符.cdr
DVD	视　频：	视频\第 1 章\应用形状工具.mp4	关键技术：	形状工具

STEP 01 运用工具箱中的形状工具，选择图形上的一个节点，单击鼠标左键并向右上角拖曳，如图 1-21 所示。

STEP 02 拖曳至合适的位置后释放鼠标，即可变形图形，如图 1-22 所示。

图 1-21　拖曳节点 　　　　　　　　　　　　　图 1-22　变形图形

STEP *03* 选择图形上的另一个节点，单击鼠标左键并向右上角拖曳，如图 1-23 所示。

STEP *04* 至合适位置后释放鼠标，用与上同样的方法，调整图形上的其他节点，效果如图 1-24 所示。

图 1-23　拖曳节点　　　　　　　　　　　　　图 1-24　调整其他节点

2．涂抹笔刷

运用涂沫笔刷工具可以使曲线产生向内凹进或向外凸起的变形，可以根据用户的需要涂抹成任意形状。

涂沫笔刷工具变形的具体操作步骤如下：

	素　　材：素材\第 1 章\小鸟.cdr	效　　果：效果\第 1 章\变形小鸟.cdr
	视　　频：视频\第 1 章\涂抹笔刷.mp4	关键技术：涂抹笔刷工具

STEP *01* 单击"文件"|"打开"命令，打开一幅素材图形文件，如图 1-25 所示。

STEP *02* 选择工具箱中的涂抹笔刷工具，在工具属性栏中设置"笔尖大小"为 15mm、"在效果中添加水份浓度"为 4、"为斜移设置输入固定值"为 90、"为关系设置输入固定值"为 120，将鼠标移至绘图页面的合适位置，如图 1-26 所示。

图 1-25　打开素材图片　　　　　　　　　　　图 1-26　定位鼠标位置

STEP *03* 单击鼠标左键并向左上方拖曳，如图 1-27 所示。

STEP *04* 拖曳至合适位置后，释放鼠标左键，即可完成对图形对象的变形，效果如图 1-28 所示。

图 1-27　拖曳鼠标　　　　　　　　　　　　　图 1-28　完成变形图形对象效果

3．粗糙笔刷

运用粗糙笔刷工具 ，可以对曲线的轮廓进行粗糙化处理，将曲线轮廓绘制成锯齿状和锥形等图形形状。

粗糙笔刷工具变形对象的具体操作步骤如下：

素　　材：	素材\第 1 章\绿色柠檬.cdr	效　　果：	效果\第 1 章\绿色柠檬.cdr
视　　频：	视频\第 1 章\粗糙笔刷.mp4	关键技术：	粗糙笔刷工具

STEP 01 单击"文件"|"打开"命令，打开一幅素材图形文件，选择工具箱中的粗糙笔刷工具，在工具属性栏中设置"笔尖大小"为 15mm、"输入尖突频率的值"为 5、"在效果中添加水份浓度"为 10、"为斜移设置输入固定值"为 45，将鼠标移至绘图页面的合适位置，如图 1-29 所示。

STEP 02 沿柠檬的边缘处单击鼠标左键并拖曳一圈，如图 1-30 所示。

图 1-29　定位鼠标

图 1-30　拖曳鼠标

STEP 03 至合适位置后释放鼠标左键，即可粗糙化图形对象，如图 1-31 所示。

STEP 04 用与上面同样的方法，为右边的绿色柠檬添加粗糙化效果，完成效果如图 1-32 所示。

图 1-31　粗糙化图形对象

图 1-32　粗糙化绿色柠檬效果

专家提醒　　若变形的对象应用了变形、封套和透视点等处理，在使用粗糙笔刷工具进行处理前，需要将对象转换为曲线对象。

4．自由变换

运用自由变换工具可以对图像进行旋转、缩放和扭曲等操作。

自由旋转工具旋转对象的具体操作步骤如下：

	素　　材：	素材\第 1 章\酒瓶.cdr	效　　果：	效果\第 1 章\酒瓶.cdr
	视　　频：	视频\第 1 章\自由变换.mp4	关键技术：	自由变换工具

STEP 01　单击"文件"|"打开"命令，打开一幅素材图形文件，如图 1-33 所示。

STEP 02　运用挑选工具选择绘图页面中的酒瓶，选择工具箱中的自由变换工具，单击工具属性栏中的"自由旋转工具"按钮，将鼠标移至酒瓶的合适位置，鼠标指针呈十字形状，如图 1-34 所示。

图 1-33　打开图形文件

图 1-34　定位鼠标

STEP 03　单击鼠标左键并向右下角拖曳，拖曳鼠标时会显示一条蓝色的虚线，如图 1-35 所示。至合适位置后释放鼠标左键，即可自由旋转图形对象，效果如图 1-36 所示。

图 1-35　拖曳鼠标　　　　　　　　　　　　　图 1-36　自由旋转图形

5．裁剪工具

运用 CorelDRAW X5 中提供的裁剪工具，可以对绘图页面中的图形或图像对象进行裁剪操作，以达到用户所需要的效果。下面运用裁剪工具在对象上创建矩形裁剪框，并对其进行裁操作。

运用裁剪工具裁剪对象的具体操作步骤如下：

	素　　材：	素材\第 1 章\煎鸡蛋.cdr	效　　果：	效果\第 1 章\剪鸡蛋.cdr
	视　　频：	视频\第 1 章\裁剪工具.mp4	关键技术：	裁剪工具

STEP 01 单击"文件"|"打开"命令，打开一幅素材图形文件，如图 1-37 所示。

STEP 02 选择工具箱中的裁剪工具，将鼠标移至绘图页面中图形上的合适位置，单击鼠标左键并向右下角拖曳，如图 1-38 所示。

图 1-37　打开图形文件

图 1-38　拖曳鼠标

STEP 03 至合适位置后释放鼠标左键，即可创建裁剪框，如图 1-39 所示。

STEP 04 将鼠标移至创建的裁剪框内，双击鼠标左键，即可完成图形对象的裁剪，效果如图 1-40 所示。

图 1-39　创建裁剪框

图 1-40　裁剪图形

专家提醒　　运用位图时，若只需要原图像中的一部分，可在导入图像之前，将位图裁剪成需要的大小或形状。

6．刻刀工具

运用刻刀工具可以沿直线或锯齿线拆分闭合的对象，CorelDRAW 允许用户将一个对象拆分为两个对象或将它保持为包含两个或多个路径的一个对象。

刻刀工具变形图形的具体操作步骤如下：

素　　材：	素材\第 1 章\乐器.cdr	效　　果：	效果\第 1 章\切割乐器.cdr
视　　频：	视频\第 1 章\运用刻刀工具.mp4	关键技术：	刻刀工具

STEP 01 单击"文件"|"打开"命令，打开一幅素材图形文件，如图 1-41 所示。

STEP 02 选择工具箱中的刻刀工具，在工具属性栏中使"保留为一个对象"和"剪切时自动闭合"按钮呈弹起状态，将鼠标移至需分割路径上的某一点上，鼠标指针呈垂直的刻刀形状，如图 1-42 所示。

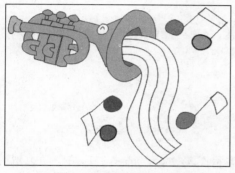

图 1-41　打开图形文件

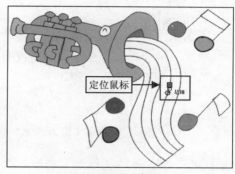

图 1-42　定位鼠标

STEP 03 单击鼠标左键，分割路径，如图 1-43 所示。

STEP 04 运用工具箱中的挑选工具选择分割的路径，将其移至合适位置，即可查看切割后的路径，效果如图 1-44 所示。

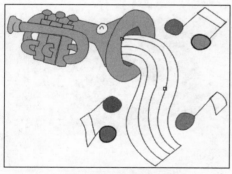

图 1-43　分割路径

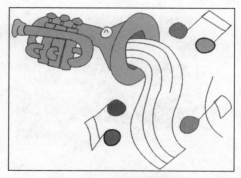

图 1-44　查看分割后的效果

7. 橡皮擦工具

橡皮擦工具可以擦掉图像中不需要的部分，该工具的使用方法与现实中的橡皮擦类似，只需涂抹对象中需要擦除的部分即可。选取工具箱中的橡皮擦工具，此时的工具属性栏如图 1-45 所示。

图 1-45　橡皮擦属性栏

该工具属性栏中各主要选项的含义如下：

- "橡皮擦厚度"数值框：在该数值框中可以设置橡皮擦的厚度，取值范围为 0.025mm~2540mm。

- "擦除时自动减少"按钮：单击该按钮，在擦除对象时可以消除额外节点，以平滑擦除区域的边缘。

- "圆形/方形"按钮：在默认情况下，橡皮擦的形状是圆形，擦除的轮廓是圆形。单击该按钮后，橡皮擦会变成方形，擦除的轮廓也是方形。

8. 删除虚拟段

运用虚拟段删除工具可以删除一些无用的线条，包括曲线以及使用绘图工具绘制的矩形、椭圆等矢量图形，还可以删除整个对象或对象中的一部分。

删除虚拟段具体操作步骤如下：

素	材：	素材\第 1 章\大众卡.cdr	效	果：	效果\第 1 章\大众卡.cdr
视	频：	视频\第 1 章\删除虚拟段.mp4	关键技术：		虚拟段删除工具

STEP 01 单击"文件"|"打开"命令，打开一幅素材图形文件，选择工具箱中的虚拟段删除工具，将鼠标移至绘图页面中书卷的边缘处，此时，鼠标指针呈垂直刻刀状，如图 1-46 所示。

STEP 02 单击鼠标左键，即可删除书卷边米黄色部分，效果如图 1-47 所示。

图 1-46　定位鼠标　　　　　　　　图 1-47　删除图形对象

使用虚拟段删除工具删除的虚拟线段指的是两个交叉点之间的对象部分。

1.3.2　了解交互式工具

CorelDRAW X5 提供了多种用于为图形对象添加特殊效果的交互式工具，通过应用这些工具和命令，可以在 CorelDRAW 创建的或其他软件程序创建的图形对象、文本对象上应用 Corel DRAW 内置的调和、轮廓、变形、阴影、封套、立体化和透明等效果。

实战范例——交互式封套工具

使用工具箱中的交互式封套工具 ，可以快速为图形、文本或位图等进行变形。CorelDRAW X5 提供了多种封套的工具模式和映射模式，运用这些模式，可以创建不同的图形效果。

1. 创建封套效果

用户可以为图形对象添加基本的封套，也可以添加预设的封套。添加封套效果后，可通过添加和定位节点对封套效果进行编辑，从而改变图形对象的形状。

创建封套效果的具体操作步骤如下：

素　　材：	素材\第 1 章\包装袋.cdr	效　　果：	效果\第 1 章\封套包装袋.cdr
视　　频：	视频\第 1 章\创建封套效果.mp4	关键技术：	交互式封套工具

STEP 01 单击"文件"|"打开"命令，打开一幅素材图形文件，如图 1-48 所示。

STEP 02 选择工具箱中的交互式封套工具，在需要创建封套效果的图形上单击鼠标左键，为文本添加封套效果，将鼠标移至文本下方的节点上，单击鼠标左键并向下拖曳，如图 1-49 所示。

图 1-48　打开图形文件

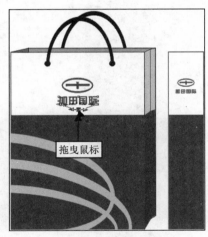
图 1-49　拖曳鼠标

STEP 03 至合适位置后释放鼠标左键，即可改变封套的形状，如图 1-50 所示。

STEP 04 用与上同样的方法，继续调整封套的形状，并为绘图页面中的另一个文本对象添加封套效果，效果如图 1-51 所示。

技巧点拨

选取工具箱中的"添加新封套"按钮 后，系统将在已经应用封套的对象上再添加一个新的封套。

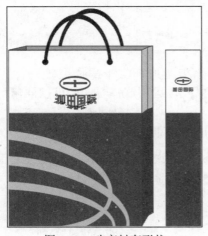

图 1-50　改变封套形状

图 1-51　添加其他封套效果

2．封套的工作模式

交互式封套工具的工具属性栏中提供了 4 种工作模式，分别为直线模式▢、单弧模式
▢、双弧模式▢和非强制模式✎。选择不同的模式，拖曳封套上的节点，可以制作出不同
的封套效果。图 1-52 所示分别为直线模式和双弧模式下的封套效果。

原图　　　　　　　　　　　直线模式　　　　　　　　　　　双弧模式

图 1-52　直线模式和双弧模式下的封套效果

3．封套的映射模式

CorelDRAW X5 提供了 4 种预设的映射模式，选择工具箱中的交互式封套工具后，单
击工具属性栏中的"映射模式"下拉按钮，在弹出的列表框中可以选择映射模式，分别为
"水平"模式、"原始"模式、"自由变形"模式和"垂直"模式，如图 1-53 所示。

图 1-53　预设映射模式

"映射模式"列表框中 4 种映射模式的功能如下：

● 　"水平"模式：延展对象，以适合封套的基本尺度，然后水平压缩对象，以适合封套的形状。

- "原始"模式：将对象选择框四周的任意控制柄映射到封套的节点上，其他节点沿对象选择的边缘线映射。
- "自由变形"模式：将对象选择框四周的任意控制柄映射到封套的节点上。
- "垂直"模式：延展对象，以适合封套的基本尺度，然后垂直压缩对象，以适合封套的形状。

1.4　位图及位图滤镜快速入门

CorelDRAW X5 提供了强大的位图编辑功能，本节主要介绍位图颜色的调整以及位图滤镜的基本操作，通过本节的学习，读者可以快速熟悉和了解 CoreldDRAW X5 位图的强大功能。

了解位图、滤镜特效

CorldDRAW X5 提供了一系列调整位图颜色的功能，运用这些功能可以快速改变位图颜色的反差、局部颜色平衡、亮度以及对比度等。CorelDRAW X5 还提供了 10 组滤镜效果，每一个滤镜组都包含有不同效果的滤镜。

该菜单中各滤镜组的含义如下：

- 三维效果：使用该滤镜组，可以创建图像的三维效果，如三维旋转效果、柱面效果、浮雕效果、卷页效果、透视效果、挤近/挤远效果以及球面效果。
- 艺术笔触：使用该滤镜组，可以将图像转换为手绘效果，如炭笔画效果、单色蜡笔效果、蜡笔画效果、立体派效果、印象派效果、调色刀效果、彩色蜡笔画效果、钢笔画效果、点彩派效果、木版画效果、素描效果、水彩画效果、水印画效果和波纹纸画效果。
- 模糊：使用该滤镜组，可以为图像创建柔和、平滑、混合及运动等效果，如定向平滑效果、高斯式模糊效果、锯齿状模糊效果、低通滤波器、动态模糊效果、放射式模糊效果、平滑效果、柔和效果和缩放效果。
- 相机：使用该滤镜组，可以模拟由扩散透镜的扩散过滤器产生的效果。
- 颜色转换：使用该滤镜组，可以改变图像的颜色，如位平面效果、半色调效果、梦幻色调效果和曝光效果。
- 轮廓图：使用该滤镜组，可以突出和增强图像的边缘效果，如边缘检测效果、查找边缘效果和描摹轮廓效果。
- 创造性：使用该滤镜组，可以将图像转换为各种不同的形状和纹理效果，如工艺效果、晶体化效果、织物效果、框架效果、玻璃砖效果、儿童游戏效果、马赛克效果、粒子效果、散开效果、茶色玻璃效果、彩色玻璃效果、虚光效果、旋涡效果以及天气效果。

- 扭曲：使用该滤镜组，可以在改变图像外观的同时不增加图像的深度，如块状效果、置换效果、偏移效果、像素效果、龟纹效果、旋涡效果、平滑效果、湿笔画效果、涡流效果以及风吹效果。

- 杂点：使用该滤镜组，可以创建、控制和消除图像中的杂点，如添加杂点效果、最大值效果、中值效果、最小效果、去除龟纹效果以及去除杂点效果。

- 鲜明化：使用该滤镜组，可以使图像的边缘更加鲜明，如适应非鲜明化效果、定向柔化效果、高通滤波器效果、鲜明化效果以及非鲜明化遮罩效果。

实战范例——调整位图颜色

运用"局部平衡"命令，可以提高位图边缘的对比度。具体操作步骤如下：

	素　　材：素材\第 1 章\红心.cdr	效　　果：效果\第 1 章\红心局部平衡.cdr
	视　　频：视频\第 1 章\调整位图颜色.mp4	关键技术："局部平衡"命令

STEP 01 单击"文件"|"打开"命令，打开一幅素材图形文件，如图 1-54 所示。

STEP 02 运用挑选工具选择绘图页面中的位图图像，单击"效果"|"调整"|"局部平衡"命令，弹出"局部平衡"对话框，展开预览窗口，并设置"宽度"、"高度"值均为 182，单击"预览"按钮，如图 1-55 所示。

图 1-54　打开图形文件

图 1-55　设置数值

STEP 03 单击"确定"按钮，即可完成使用"局部平衡"命令调整图像色彩的操作，效果如图 1-56 所示。

图 1-56　使用"局部平衡"命令后的效果

实战范例——应用卷页滤镜特效

应用"卷页"滤镜，可以将图像页面的一角卷起，产生类似于纸张翻卷的效果。

应用卷页滤镜特效的具体操作步骤如下：

素　　材：	素材\第 1 章\汽车.cdr	效　　果：	效果\第 1 章\汽车卷页.cdr
视　　频：	视频\第 1 章\应用卷页滤镜特效.mp4	关键技术：	"卷页"命令

STEP 01 单击"文件"|"打开"命令，打开一幅素材图形文件，如图 1-57 所示。

STEP 02 选择绘图页面中的位图图像，单击"位图"|"三维效果"|"卷页"命令，弹出"卷页"对话框，单击右下角的卷页按钮，设置"卷曲"的颜色为白色，并设置"宽度"、"高度"的值分别为 70 和 60，单击"预览"按钮，如图 1-58 所示。

图 1-57　打开图形文件

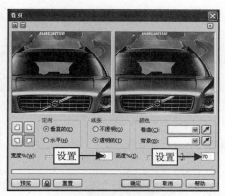

图 1-58　设置数值

STEP 03 单击"确定"按钮，即可制作卷页效果，如图 1-59 所示。

STEP 04 用与上同样的方法，制作位图左上角的卷页效果，效果如图 1-60 所示。

图 1-59　制作卷页效果

图 1-60　制作另一个卷页效果

1.5　本书知识体系总体预览

本书的知识体系非常清晰，如图 1-61 所示，以图示的方式展示了本书不同阶段学习的不同知识点，以及不同职业掌握的不同实例内容，让读者能准确地选择和高效地学习。

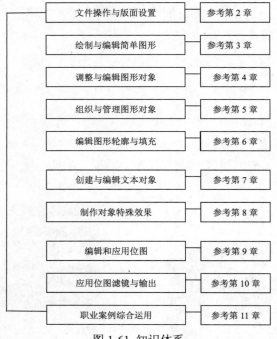

图 1-61 知识体系

1.6 本章小结

本章主要向读者介绍了 CorelDRAW X5 的基本知识，主要包括了解图形图像的基本知识，熟悉工作界面，了解变形与交互式工具和位图及位图滤镜，通过运用实战范例模式，使读者更形象、更迅速地达到初步认识和使用这一绘图软件的目的。

1.7 习题测试

一、填空题

（1）矢量图形是指使用_____绘制的各种图形。

（2）位图图像是由_____组成的，每一个点就是一个像素。像素是组成位图图像的最小单位。

（3）标尺分为_____和_____，其作用是在绘制图形时，帮助用户准确地绘制或对齐对象，并且还可以用于测量对象的_____。

（4）CorelDRAW X5 提供了 8 种变形工具，分别为_____、_____、_____、自由变换工具、裁剪工具、刻刀工具、橡皮擦工具以及虚拟段删除工具对绘制的图形进行变形操作的工具。

（5）使用工具箱中的　　　　　　　，可以快速地为图形、文本或位图等进行变形。

二、操作题

（1）使用学过的知识，对下面的图像进行切割操作，如图 1-62 所示。

图 1-62　切割图像的前后效果

（2）使用学过的知识，为下面的图片添加卷页效果，如图 1-63 所示。

图 1-63　为图像添加卷页的前后效果

第 ② 章 文件操作与版面设置

　　运用 CorelDRAW 设计作品之前，用户首先需要掌握该软件的文件操作与版面设置。熟悉文件的基本操作与版面设置的相关知识，不仅可以提高使用该软件的效率，而且还可以将该软件的界面设置得更符合用户个人的操作习惯，让用户操作起来更加得心应手。本章主要向读者介绍文件操作与版面设置的操作方法。

 本章重点

- 文件基本操作
- 辅助工具
- 标注图形
- 版式的基本设置
- 版式显示的操作

 实例效果欣赏

 视频演示

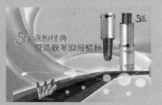

2.1 文件基本操作

在学习使用 CorelDRAW X5 进行绘图之前，用户应首先熟悉文件的基本操作，如导入、导出、备份和恢复文件等内容。

实战范例——导入和导出文件

CorelDRAW X5 具有良好的兼容性，可以方便地将其他格式的文件导入到工作区中，在 CorelDRAW 中不能直接打开 JPEG 或 TIFF 等格式的图像文件，也不能将当前所编辑的图形文件保存为 JPEG、TIFF 等格式，这时可以使用 CorelDRAW 中提供的导入功能。

在 CorelDRAW 中，可以导入非 CDR 或 CMX 格式的文件，也就是说，可以把在其他软件中制作的文件导入到 CorelDRAW 中，也可以将制作好的文件导出为其他的文件格式，以供其他软件使用。

1．导入文件

用户可以将其他图形软件生成的文件导入到 CorelDRAW X5 中，可以导入到 CorelDRAW X5 中的图像文件格式有 JPEG 格式和 TIFF 格式。

导入文件的具体操作步骤如下：

素　　材：	素材\第 2 章\花.cdr、男孩.cdr	效　　果：	效果\第 2 章\导入男孩与花.cdr
视　　频：	视频\第 2 章\导入文件.mp4	关键技术：	"导入"命令

STEP 01 单击"文件"|"导入"命令，如图 2-1 所示。

STEP 02 弹出"导入"对话框，选择需要导入的素材图形，如图 2-2 所示。

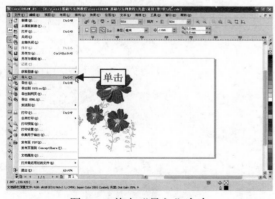

图 2-1　单击"导入"命令

图 2-2　弹出"导入"对话框

STEP 03 单击"导入"按钮，鼠标指针呈 90° 的直角，如图 2-3 所示。

STEP 04 将鼠标移至绘图页面的合适位置，单击鼠标左键，即可导入图形文件，效果如图 2-4 所示。

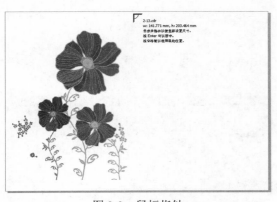

图 2-3　鼠标指针

图 2-4　导入图形

技巧点拨

除了运用上述方法导入文件外，还有以下 3 种方法：

● 快捷键：按【Ctrl + I】组合键。

● 按钮：单击标准工具栏中的"导入"按钮。

● 快捷菜单：在绘图页面中单击鼠标右键，在弹出的快捷菜单中选择"导入"选项。

2．导出文件

用户也可以将图形文件导出为不同的文件格式，以供其他应用程序使用。

导出文件的具体操作步骤如下：

素　　材：	素材\第 2 章\苹果与蝴蝶.cdr	效　　果：	素材\第 2 章\苹果与蝴蝶.jpg
视　　频：	视频\第 2 章\导出文件.mp4	关键技术：	"导出"命令

STEP 01 单击"文件"|"导出"命令，如图 2-5 所示。

STEP 02 弹出"导出"对话框，在其中设置好保存的位置、保存的文件名以及保存的类型，如图 2-6 所示。

图 2-5　单击"导出"命令

图 2-6　弹出"导出"对话框

STEP 03 单击"导出"按钮，弹出"转换为位图"对话框，在其中进行相应设置，如图 2-7 所示。

STEP 04 单击"确定"按钮，即可导出文件，在相应的位置即可找到导出后的图像，如图 2-8 所示。

图 2-7　弹出"转换为位图"对话框

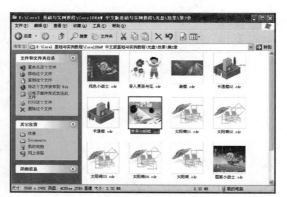

图 2-8　"JPEG 导出"位置

STEP 05 在图像上双击鼠标左键，即可预览导出的图像，效果如图 2-9 所示。

图 2-9　预览导出的图像

技巧点拨

除了运用上述方法导出文件外，还有以下两种方法：

● 快捷键：按【Ctrl + E】组合键。
● 按钮：单击标准工具栏中的"导出"按钮 。

实战范例——备份与恢复文件

CorelDRAW X5 为用户提供了方便的自动备份文件功能，以避免系统发生错误时丢失文件，进行自动备份后，用户可以从备份文件中进行文件的恢复。

1．备份文件

用户在保存文件时，CorelDRAW X5 会自动备份文件，用户在 CorelDRAW X5 中进行绘图时，系统每隔一定的时间会自动对当前的文件进行备份，下面具体向用户介绍在 CorelDRAW X5 中设置自动备份的方法。

备份文件的具体操作步骤如下：

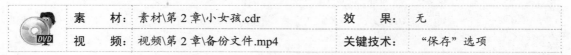

素 材：	素材\第 2 章\小女孩.cdr	效 果：	无
视 频：	视频\第 2 章\备份文件.mp4	关键技术：	"保存"选项

STEP 01 单击"工具"|"选项"命令，弹出"选项"对话框，如图 2-10 所示。

STEP 02 在左侧的列表中展开"工作区"结构树，然后在结构树中选择"保存"选项，单击"自动备份间隔"数值框右侧的下三角按钮，在弹出的列表框中选择 10 选项，如图 2-11 所示。

图 2-10　弹出"选项"对话框

图 2-11　选择 10 选项

STEP 03 选中"特定文件夹"单选按钮，单击"浏览"按钮，如图 2-12 所示。

STEP 04 弹出"浏览文件夹"对话框，如图 2-13 所示，选择文件的备份路径，依次单击"确定"按钮，即可完成自动备份的设置。

图 2-12　选择备份路径

图 2-13　弹出"浏览文件夹"对话框

在 CorelDRAW X5 中，自动备份的文件名比用户保存的文件名多几个字符，即 Backup-of-。例如保存文件时所用的文件名是"插画"，自动备份的文件名就是"Backup-of-插画"。

2. 恢复文件

用户在 CorelDRAW X5 中进行图形或图像编辑时，若程序非正常关闭，来不及保存文件。此时，用户可通过 CorelDRAW X5 的自动恢复功能，从临时或指定的文件夹中恢复备份的文件。

2.2 辅助工具

在进行图形设计时，对作品的精确度要求往往比较严格，所以为了精确地完成设计，用户可以使用一些辅助工具，如标尺、网格、辅助线和动态辅助线等。

实战范例——设置标尺

标尺分为水平标尺和垂直标尺，绘制或编辑图形时，可以在绘图区域中显示出标尺，以此来精确地绘制、缩放和对齐图形。

设置标尺的具体操作步骤如下：

	素　材：素材\第 2 章\夜空.cdr	效　果：无
	视　频：视频\第 2 章\设置标尺.mp4	关键技术：拖曳鼠标

STEP 01 单击"文件"|"打开"命令，打开一幅素材图形文件，并将其显示比例设置为 150%，如图 2-14 所示。

STEP 02 将鼠标移至水平标尺上方，按住【Shift】键的同时，单击鼠标左键并向下拖曳，如图 2-15 所示。

图 2-14　打开图形文件

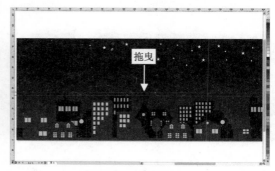

图 2-15　拖曳标尺

STEP 03 至合适位置后释放鼠标左键，即可移动水平方向上的标尺，如图 2-16 所示。

STEP 04 用与上面同样的方法，将垂直方向上的标尺移至绘图页面的合适位置，效果如图

2-17 所示。

图 2-16　移动水平标尺

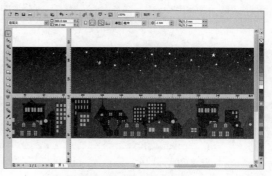
图 2-17　移动垂直标尺

专家
提醒

将鼠标移至水平标尺与垂直标尺交叉处的"标尺原点"按钮 上，单击鼠标左键并向绘图页面中拖曳，可看到两条虚线交叉点的移动，如图 2-15 所示，通过虚线，用户可以精确地设置标尺原点的位置。

实战范例——设置网格

网格可以帮助用户在特定的情况下绘制出精确、规范的图形，网格可以以点或线的方式显示，网格的频率和间隔可以根据需要而改变，从而得到不同密度的网格。

设置网格的具体操作步骤如下：

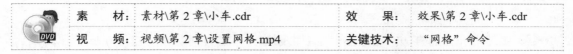

	素　　材：	素材\第 2 章\小车.cdr	效　　果：	效果\第 2 章\小车.cdr
	视　　频：	视频\第 2 章\设置网格.mp4	关键技术：	"网格"命令

STEP 01 单击"文件"|"打开"命令，打开一幅素材图形文件，如图 2-18 所示。

STEP 02 单击"视图"|"网格"命令，即可在绘图页面中显示网格，如图 2-19 所示。

图 2-18　打开图形文件

图 2-19　显示网格

STEP 03 单击"视图"|"设置"|"网格和标尺设置"命令，弹出"选项"对话框，在其中设置各选项，如图 2-20 所示。

STEP 04 单击"确定"按钮，即可查看绘图页面中变大的网格，效果如图 2-21 所示。

图 2-20　弹出"选项"对话框

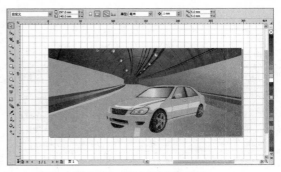

图 2-21　变大的网格效果

实战范例——设置辅助线

应用辅助线，可以迅速地将对象对齐到辅助线上，而且可以进行精确的制图，以及具有连贯性的布局设计等操作。

设置辅助线的具体操作步骤如下：

素　　材：	素材\第 2 章\高楼.cdr		效　　果：	效果\第 2 章\高楼.cdr
视　　频：	视频\第 2 章\设置辅助线.mp4		关键技术：	拖曳鼠标

STEP 01 单击"文件"|"打开"命令，打开一幅素材图形文件，将鼠标移至水平标尺上，单击鼠标左键并向下拖曳，至合适位置后释放鼠标左键，添加一条水平辅助线，如图 2-22 所示。

STEP 02 用与上同样的方法，在绘图页面中再添加一条垂直辅助线，如图 2-23 所示。

图 2-22　添加水平辅助线

图 2-23　添加垂直辅助线

STEP 03 在添加的垂直辅助线上单击鼠标左键，辅助线呈旋转状态，将辅助线的中心点移至辅助线的交点处，将鼠标移至上方的旋转控制柄上，鼠标指针呈圆形的双向箭头形状 ，如图 2-24 所示。

STEP 04 单击鼠标左键并向右拖曳，至合适位置后释放鼠标左键，旋转辅助线，效果如图 2-25 所示。

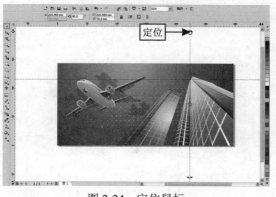

图 2-24　定位鼠标

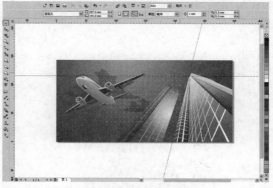

图 2-25　旋转辅助线

辅助线可以放在绘图区域的任何位置，可分为水平辅助、垂直辅助和倾斜辅助 3 种。在进行图形图像处理时，用户可以根据需要添加辅助线。

2.2.1　对齐对象的设置

利用 CorelDRAW X5 的对齐功能，不仅可以对齐相应的对象，还可以对齐对象上的特殊点和节点。

打开"选项"对话框，在左侧的列表框中展开"工作区"|"贴齐对象"结构树，然后在"贴齐对象"选项区中设置各选项，如图 2-26 所示，单击"确定"按钮，即可在已经绘制好的图形中显示位置标记，如图 2-27 所示。

图 2-26　设置贴齐对象选项

图 2-27　显示位置标记

2.2.2　动态辅助线的设置

单击"视图"|"动态辅助线"命令，即可启用动态辅助线。动态辅助线的功能与 AutoCAD 中的捕捉对象功能非常类似，但更加精确。除了可以在绘制和编辑图形时进行多种形

式的对齐外，还可以捕捉对齐到点、节点间的区域、对象中心和对象边界框等，并可以将每一个对齐点的尺寸和距离设置得很精确，如图 2-28 所示。

单击"视图"|"设置"|"动态辅助线设置"命令，弹出"选项"对话框，在该对话框中可以对动态辅助线进行相应的设置，如图 2-29 所示。

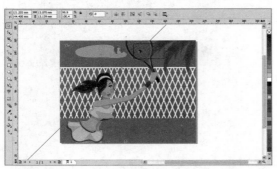

图 2-28　动态辅助线

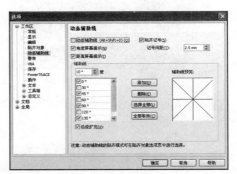

图 2-29　"选项"对话框

2.3　标注图形

在 CorelDRAW X5 中，用户可以为绘制的图形标注尺寸。尺寸标注是工程绘图中必不可少的部分，它不仅可以显示对象的长度和宽度等尺寸信息，还可以显示对象之间的距离等。CorelDRAW X5 为用户提供了 6 种标注工具，包括自动度量工具、垂直度量工具、水平度量工具、倾斜度量工具、标注工具以及角度量工具等。

实战范例——应用水平标注

用户在绘制图形的过程中，通常需要对所绘制图形的长度进行测量与标注，以绘制出更加精确的图形对象。水平度量工具可以根据鼠标的移动和落点方向，自动对图形进行测量，接下来具体介绍如何应用水平标注。

应用水平标注的具体操作步骤如下：

STEP 01 选择工具箱中的度量工具，在工具属性栏中单击"水平或垂直度量工具"按钮，将鼠标指针移至需要进行水平标注的图形上，单击鼠标左键，确定水平标注的起点，如图 2-30 所示。

STEP 02 然后移动鼠标至图形的另一个位置，单击鼠标左键，确定水平标注的终点，如图 2-31 所示。

STEP 03 向上移至鼠标，确定标注文本的位置，如图 2-32 所示,单击工具属性栏中的度量线位置按钮下拉列表，选择第一个选项。

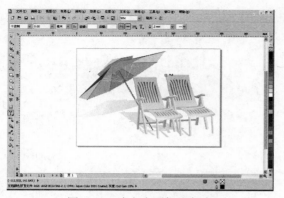

图 2-30　确定水平标注起点

图 2-31　确定水平标注终点

STEP 04 单击鼠标左键，即可完成水平标注，效果如图 2-33 所示。

图 2-32　确定标注文本位置

图 2-33　完成水平标注

实战范例——应用垂直标注

垂直标注的方法与水平标注的方法类似，只是垂直标注测量的是图形对象的高度。

应用垂直标注的具体操作步骤如下：

	素　材：素材\第 2 章\太阳椅 01.cdr	效　果：效果\第 2 章\太阳椅 01.cdr
	视　频：视频\第 2 章\应用垂直标注.mp4	关键技术："水平或垂直度量工具"按钮

STEP 01 在工具属性栏中单击"水平或垂直度量工具"按钮 ⊺，将鼠标移至绘图页面的图形上方，单击鼠标左键，确定垂直标注的起点，如图 2-34 所示。

STEP 02 然后向下移动鼠标至合适位置，单击鼠标左键，确定垂直标注的终点，如图 2-35 所示。

STEP 03 向左移动鼠标，确定标注文本的位置，如图 2-36 所示。

STEP 04 单击鼠标左键，即可完成垂直标注，效果如图 2-37 所示。

图 2-34　确定垂直标注起点

图 2-35　确定垂直标注终点

图 2-36　确定标注文本位置

图 2-37　完成垂直标注

实战范例——应用平行标注

　　进行倾斜标注时，同样可以参考标注水平尺寸的方法，运用倾斜标注可以测量出倾斜对象的长度。

　　应用平行标注的具体操作步骤如下：

	素　　材：	素材\第 2 章\太阳椅 02.cdr	效　　果：	效果\第 2 章\太阳椅 02.cdr
	视　　频：	频\第 2 章\应用平行标注.mp4	关键技术：	"平行度量工具" 按钮

STEP 01 在工具属性栏中单击"平行度量工具"按钮 ，将鼠标移至图形的合适位置，单击鼠标左键，确定平行标注的起点，如图 2-38 所示。

STEP 02 移动鼠标至图形的另外一个位置，单击鼠标左键，确定平行标注的终点，如图 2-39 所示。

STEP 03 向右上角移动鼠标，确定标注文本的位置，如图 2-40 所示。

STEP 04 单击鼠标左键，即可完成平行标注，效果如图 2-41 所示。

专家
提醒

　　在进行倾斜标注时，若按住【Ctrl】键，可以以 15° 的增量限制标注线移动。

图 2-38   确定平行标注的起点

图 2-39   确定平行标注的终点

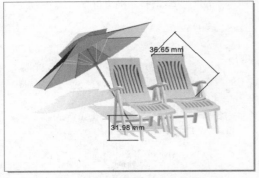

图 2-40   确定标注文本位置

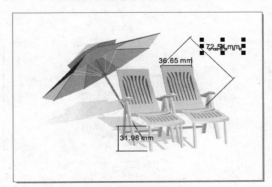

图 2-41   完成平行标注

实战范例——应用角度标注

使用角度量工具可以为对象标注角度值，在标注时，应该指定要标注的角的顶点以及两条边上的参考点。

应用角度标注的具体操作步骤如下：

	素 材：	素材\第 2 章\太阳椅 03.cdr	效 果：	效果\第 2 章\太阳椅 03.cdr
	视 频：	视频\第 2 章\应用角度标注.mp4	关键技术：	"角度量工具"按钮

STEP 01 单击工具属性栏中的"角度量工具"按钮 ，在要标注的对象上单击角的顶点，如图 2-42 所示。

STEP 02 然后在要标注角的一条边上单击鼠标左键，如图 2-43 所示。

STEP 03 将鼠标移至角的另外一条边上，单击鼠标左键，向右上角移动鼠标，确定标注文本的位置，如图 2-44 所示。

STEP 04 向右下角移动鼠标，单击鼠标左键，完成角度标注，效果如图 2-45 所示。

专家提醒

进行角度标注时，若按住【Ctrl】键，可以限制标注开始位置和结束位置以 15°、45° 和 90° 增量变化。

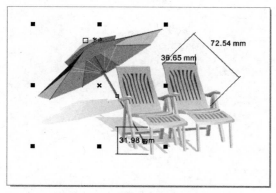

图 2-42　单击顶点

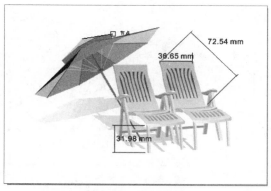

图 2-43　单击鼠标

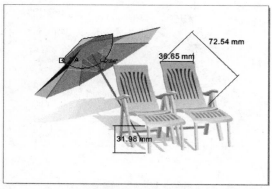

图 2-44　单击另一条边

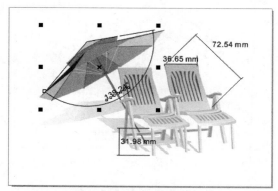

图 2-45　完成角度标注

实战范例——应用线段标注

　　使用自动度量工具可以自动标注对象的水平尺寸或垂直尺寸，其使用方法与水平度量工具和垂直度量工具类似。

　　应用自动标注的具体操作步骤如下：

	素　材：素材\第 2 章\太阳椅 04.cdr	效　果：效果\第 2 章\太阳椅 04.cdr
	视　频：视频\第 2 章\应用线段标注.mp4	关键技术："线段度量工具"按钮

STEP 01 单击工具属性栏中的"线段度量工具"按钮，将鼠标移至图形的合适位置，单击鼠标左键，确定线段标注的起点，如图 2-46 所示。

STEP 02 然后将鼠标移至图形的另外一个位置，单击鼠标左键，确定线段标注的终点，如图 2-47 所示。

STEP 03 向上移动鼠标，确定标注文本的位置，如图 2-48 所示。

STEP 04 单击鼠标左键，即可完成线段标注，效果如图 2-49 所示。

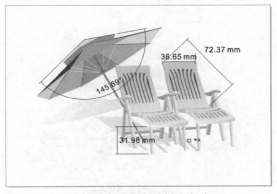

图 2-46　确定自动标注起点

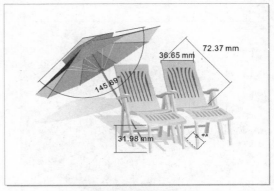

图 2-47　确定自动标注终点

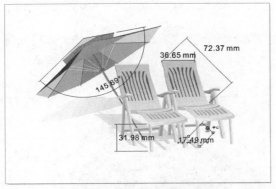

图 2-48　确定标注文本位置

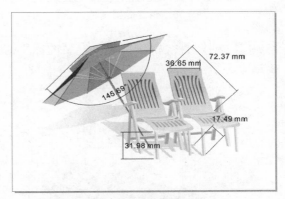

图 2-49　完成线段标注

实战范例——标注文本及编辑

使用标注工具可以为对象添加标注说明，还可以为对象添加标注说明，并且用户可根据需要对说明文字进行字体、字号以及颜色等的设置。

1．添加标注文本

用户对图形对象进行水平、垂直、倾斜、角度、自动标注后，为了使标注更加一目了然，可以为标注添加相应的说明文字。

添加标注文本的具体操作步骤如下：

	素　　材：素材\第 2 章\卡通楼.cdr	效　　果：效果\第 2 章\卡通楼.cdr
	视　　频：视频\第 2 章\添加标注文本.mp4	关键技术："标注工具"按钮

STEP 01 单击工具属性栏中的"标注工具"按钮，在标识线的开始位置单击鼠标左键，如图 2-50 所示。

STEP 02 移动鼠标至合适位置，单击鼠标左键，绘制第 1 段标识线，如图 2-51 所示。

STEP 03 接着水平向右移动鼠标至合适位置，单击鼠标左键，绘制第 2 段标识线，此时显示一个闪烁的光标，如图 2-52 所示。

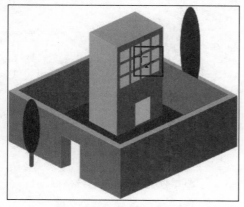

图 2-50　确定标识线起点

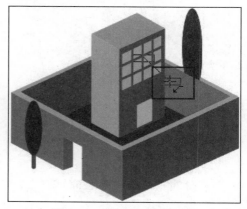

图 2-51　绘制第 1 段标识线

STEP 04 选择一种输入法，输入需要的标注说明文本，即可完成标注说明的添加，效果如图 2-53 所示。

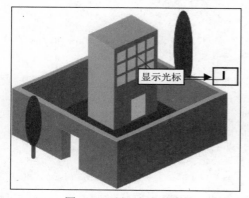

图 2-52　显示闪烁光标

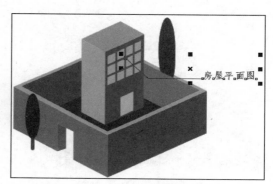

图 2-53　添加标注说明

2．编辑标注说明

若用户对所添加的标注不满意，则可自行对标注说明文本的字体、字号以及颜色等属性进行更改。

编辑标注说明的具体操作步骤如下：

素　材：	素材\第 2 章\卡通楼 01.cdr		效　果：	效果\第 2 章\卡通楼 01.cdr	
视　频：	视频\第 2 章\编辑标注说明.mp4		关键技术：	字体属性	

STEP 01 打开前面实例的效果图片，运用挑选工具选择添加的说明文字，在工具属性栏中单击"字体"下拉列表框右侧的下三角按钮，在弹出的下拉列表框中选择"隶书"选项，如图 2-54 所示。

STEP 02 然后单击"字体大小"列表框右侧的下三角按钮，在弹出的列表框中选择"18pt"选项，如图 2-55 所示。

图 2-54 选择"隶书"选项

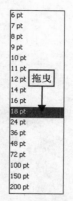

图 2-55 选择 18 选项

STEP 03 执行操作后，即可更改说明文本的字体和字体大小，效果如图 2-56 所示。

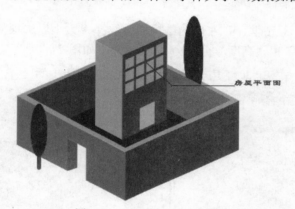

图 2-56 更改说明文本属性

2.4 版式的基本设置

在 CorelDRAW X5 中，用户可以根据设计的需要，对页面大小、方向、标签、风格和背景等进行设置，同时还可以添加与删除页面和切换页面。通过对本小节的学习，使用户能够逐步掌握版式的基本设置。

实战范例——设置页面大小

在 CorelDRAW X5 中，运用"版面"菜单，可以轻松地对 CorelDRAW 的页面大小进行设置。

设置页面大小的具体操作步骤如下：

	素 材：	素材\第 2 章\中国加油.cdr	效 果：	效果\第 2 章\中国加油.cdr
	视 频：	视频\第 2 章\设置页面大小.mp4	关键技术：	"页面设置"命令

STEP 01 单击"文件"|"打开"命令，打开一幅图形文件，如图 2-57 所示。

STEP 02 单击"布局"|"页面尺寸"命令，如图 2-58 所示。

图 2-57　打开图形文件

图 2-58　单击"页面设置"命令

STEP 03 弹出"选项"对话框，在左侧的结构树中选择"大小"选项，并在右侧的"大小"选项区中设置"宽度"和"高度"分别为 310、220，如图 2-59 所示。

STEP 04 单击"确定"按钮，即可更改页面尺寸，完成页面大小的设置，效果如图 2-60 所示。

图 2-59　弹出"选项"对话框

图 2-60　设置页面大小

专家提醒　　　在标准工具栏中，用户还可以通过单击"纸张类型/大小"下拉列表框右侧的下三角按钮，在弹出的下拉列表中选择合适的纸张类型，以更改页面的大小。

实战范例——设置页面方向

CorelDRAW X5 中的页面方向分为纵向和横向两种，根据不同的情况，用户可以选择不同的页面方向。

设置页面方向的具体操作步骤如下：

	素　　材：	素材\第 2 章\化妆品.cdr	效　　果：	无
	视　　频：	视频\第 2 章\设置页面方向.mp4	关键技术：	"切换页面方向"命令

STEP 01 单击"文件"|"打开"命令，打开一幅图形文件，如图 2-61 所示。

STEP 02 单击"布局"|"切换页面方向"命令，如图 2-62 所示。

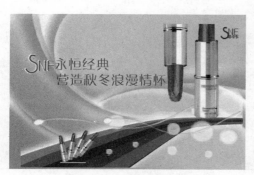

图 2-61 打开图像文件

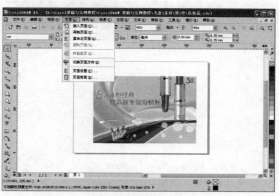

图 2-62 单击"切换页面方向"命令

STEP 03 执行操作后，即可更改页面的方向，效果如图 2-63 所示。

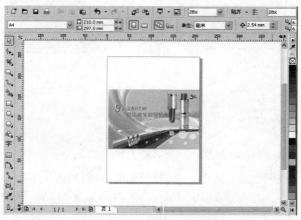

图 2-63 更改页面方向

实战范例——页面标签设置

在使用 CorelDRAW X5 制作名片、工作版等标签时，用户可首先设置页面的标签类型、标签与页面边界之间的间距等参数。

设置页面标签的具体操作步骤如下：

	素 材：	素材\第 2 章\化妆品.cdr	效 果：	无
	视 频：	视频\第 2 章\页面标签设置.mp4	关键技术：	"标签"选项

STEP 01 单击"布局"|"页面设置"命令，弹出"选项"对话框，然后在左侧的结构树中选择"标签"选项，并在右侧的标签样式下拉列表框中选择需要的标签样式，如图 2-64 所示。

STEP 02 单击"自定义标签"按钮，弹出"自定义标签"对话框，在其中设置各选项，如图

2-65 所示。

图 2-64　弹出"选项"对话框

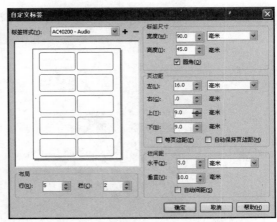

图 2-65　弹出"自定义标签"对话框

STEP 03 单击"确定"按钮，弹出"保存设置"
对话框，在"另存为"文本框中输入 NEW，
效果如图 2-66 所示。

STEP 04 然后单击"确定"按钮，即可完成标
签样式的设置。

图 2-66　弹出"保存设置"对话框

2.4.1　设置页面风格

　　在设计平面作品时，用户可以根据需要设置页面的风格。

　　单击"视图"|"页面设置"命令，弹出"选项"对话框，在该对话框左侧的列表框中
选择"文档"|"布局"选项，如图 2-67 所示，在右侧的"布局"下拉列表中选择一种版面
样式，若选中预览区域下方的"对开页"复选框，则可在多个页面中显示对开页；在"起
始于"下拉列表中可以选择文档的开始方向，如图 2-68 所示，单击"确定"按钮，即可完
成页面风格的设置。

图 2-67　弹出"选项"对话框

图 2-68　各参数的设置

在 CorelDRAW X5 中，提供的预设版面风格共有 7 种，分别是全页面、活页、屏风卡、帐蓬卡、侧折卡、顶折卡和三折小册子。

2.4.2 添加与删除页面

在 CorelDRAW X5 中，可以根据需要添加多个页面，添加页面的方法有以下 3 种：

- 通过菜单命令：单击"布局"|"插入页"命令，弹出"插入页面"对话框，在其中可以设置要插入页面的页码、位置、方向和大小等，如图 2-69 所示。
- 通过快捷菜单：在页面控制栏的页面标签上单击鼠标右键，在弹出的快捷菜单中选择"在后面插入页"或"在前面插入页"选项，即可在当前页面的后面或前面插入新的页面。
- 通过页面控制栏：在页面控制栏中，单击添加页面按钮，如图 2-70 所示。可直接添加页面，但只能逐页添加。

图 2-69 弹出"插入页面"对话框

图 2-70 添加页面按钮

如果用户在添加页面之前设置了页面背景，那么添加的新页面背景图像与之前设置的背景图像一样。

在 CorelDRAW X5 中，文件的页面不仅可以添加，而且还可以删除。删除页面的方法有以下两种：

- 通过菜单命令：单击"布局"|"删除页面"命令，弹出"删除页面"对话框，如图 2-71 所示。
- 通过快捷菜单：在页面控制栏中需要删除的页面标签上单击鼠标右键，在弹出的快捷菜单中选择"删除页面"选项，如图 2-72 所示。

图 2-71 弹出"删除页面"对话框

图 2-72 选择"删除页面"选项

实战范例——设置页面背景

在 CorelDRAW X5 中，用户可以根据需要将页面背景设置为无背景、纯色和位图图案。

1. 设置背景为纯色

默认情况下，CorelDRAW X5 的页面背景为纯白色，用户可根据自己的喜好，将绘图页面的背景设置为其他颜色。

设置背景为纯色的具体操作步骤如下：

	素 材：	素材\第 2 章\小战士.cdr	效 果：	效果\第 2 章\纯色小战士.cdr
	视 频：	视频\第 2 章\设置背景为纯色.mp4	关键技术：	"页面背景"命令

STEP 01 单击"文件"|"打开"命令，打开一幅素材图形文件，如图 2-73 所示。

STEP 02 单击"布局"|"页面背景"命令，弹出"选项"对话框，在"背景"选项区中选中"纯色"单选按钮，单击单选按钮右侧的下拉按钮，在弹出的颜色面板中选择蓝色，如图 2-74 所示。

图 2-73　打开图形文件

图 2-74　弹出"选项"对话框

STEP 03 单击"确定"按钮，即可将页面中的背景颜色设置为蓝色，效果如图 2-75 所示。

图 2-75　设置背景为纯色

2. 设置背景为图案

除了可以设置背景为纯色外，用户还可以将系统中的位图图像设置为当前绘图页面的背景。

设置背景为图案的具体操作步骤如下：

	素　　材：素材\第2章\小战士.cdr、天空.jpg	效　　果：效果\第2章\图案小战士.cdr
	视　　频：视频\第2章\设置背景为图案.mp4	关键技术："页面背景"命令

STEP 01 单击"文件"|"打开"命令，打开一幅素材图形文件，单击"布局"|"页面背景"命令，弹出"选项"对话框，选中"位图"单选按钮，如图2-76所示。

STEP 02 单击右侧的"浏览"按钮，弹出"导入"对话框，选择需要作为背景的位图图像，如图2-77所示。

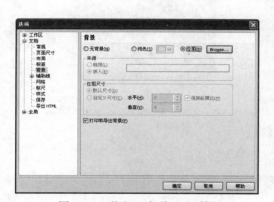

图 2-76　弹出"选项"对话框

图 2-77　弹出"导入"对话框

STEP 03 单击"导入"按钮，即可将当前绘图页面的背景设置为相应的位图图像，效果如图2-78所示。

图 2-78　设置背景为位图图案

实战范例——页面切换

在制作多页面的设计作品时，编辑完当前页面中的图形内容后，用户可通过切换页面的方式再对其他页面的内容进行编辑。

切换页面的具体操作步骤如下：

素 材：	素材\第 2 章\花 1.jpg、花 2.jpg	效 果：	无
视 频：	视频\第 2 章\页面切换.mp4	关键技术：	"切换"命令

STEP 01 单击"文件"|"打开"命令，两幅素材图形文件，分别在页面 1 与页面 2 上，如图 2-79 所示。

STEP 02 将鼠标移至工作界面的"页面 2"标签上，单击鼠标左键，如图 2-80 所示。

图 2-79　打开图形文件

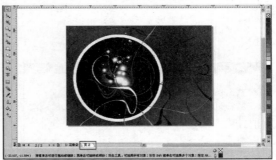

图 2-80　单击鼠标

STEP 03 操作完成后，即可切换至"页 2"页面，效果如图 2-81 所示。

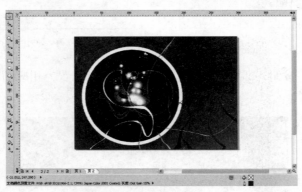

图 2-81　切换页面

2.5　版式显示的操作

应用 CorelDRAW X5 进行设计的过程中，经常通过改变绘图页面的显示模式以及显示比例来更加详细地观察所绘图形的整体或局部。下面将具体向用户介绍改变绘图页面显示模式以及显示比例的方法。

2.5.1　视图显示

在 CorelDRAW X5 中，运用"版面"菜单，可以轻松地对 CorelDRAW 的页面大小进行设置。

在菜单栏的"视图"菜单下，有 5 种视图显示方式，包括简单线框、线框、草稿、正常和增强。

1．"简单线框"模式

"简单线框"模式只显示图形对象的轮廓，不显示绘图中的填充、立体化和调和等操作效果，它还可以显示单色位图图像，"简单线框"模式显示的视图效果如图 2-82 所示。

2．"线框"模式

"线框"模式只显示单色位图图像、立体透视图和调和形状等，而不显示填充效果。"线框"模式显示的视图效果如图 2-83 所示。

图 2-82　"简单线框"模式

图 2-83　"线框"模式

3．"草稿"模式

"草稿"模式可以显示标准的填充和低分辨率的视图，此模式运用了特定的样式来表示所填充的内容，如平行线表示位图填充、双向箭头表示全色填充、棋盘网格表示双色填充等。"草稿"模式显示的视图效果如图 2-84 所示。

4．"正常"模式

"正常"模式可以显示除 PostScript 填充外的所有填充以及高分辨率的位图图像，它是最常用的显示模式，既能保证图形的显示质量，又不影响计算机显示和刷新图形的速度。"正常"模式显示的视图效果如图 2-85 所示。

5．"增强"模式

"增强"模式可以显示最好的图形质量，它在屏幕上提供了最接近实际的图形显示效果。"增强"模式的视图效果如图 2-86 所示。

图 2-84　"草稿"模式

图 2-85　"正常"模式

图 2-86　"增强"模式

2.5.2　预览显示

在菜单栏的"视图"菜单下，有 3 种预览显示模式，分别为全屏显示、只预览选定的对象和页面排序器视图。

1．全屏预览

单击"视图"|"全屏预览"命令，或按【F9】键，即可隐藏绘图页面四周屏幕上的工具栏、菜单栏及所有的面板，以全屏的方式显示图像，按任意键或单击鼠标左键，将取消全屏预览。全屏预览的效果如图 2-87 所示。

2．只预览选定的对象

选择需要预览的图形对象，单击"视图"|"只预览选定的对象"命令，即可对所选对象进行全屏预览。只预览选定对象的效果如图 2-88 所示。

图 2-87　全屏预览

图 2-88　只预览选定的对象

3．页面排序器视图

页面排序器视图可以对文件中的所有页面进行预览，在文档窗口中将多个页面的内容有序地排列显示出来。

使用页面排序器视图的具体操作步骤如下：

	素　材：	素材\第 2 章\地球仪.cdr	效　果：	无
DVD	视　频：	视频\第 2 章\页面排序器视图.mp4	关键技术：	"页面排序器视图"命令

STEP 01 单击"文件"|"打开"命令，打开一个包含多个页面的 CorelDRAW 文件，如图 2-89 所示。

STEP 02 然后单击"视图"|"页面排序器视图"命令，如图 2-90 所示。

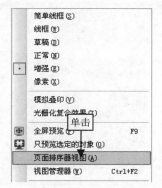

图 2-89　打开 CDR 文件　　　　　　　图 2-90　单击"页面排序器视图"命令

STEP 03 操作完成后，即可对文件中的所有页面进行预览，效果如图 2-91 所示。

图 2-91　对多个页面进行预览

2.5.3　窗口操作

在 CorelDRAW X5 中，用户可以同时创建几个图形文件并同时编辑，且可以方便地切换和排列各个图形窗口。

1．切换窗口

当用户需要对一个图形文件中的多个窗口同时进行编辑时，可通过窗口之间的切换快速实现对图形文件的编辑。

切换窗口的具体操作步骤如下：

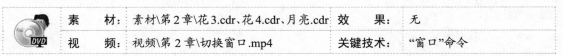

素　　材：	素材\第 2 章\花 3.cdr、花 4.cdr、月亮.cdr	效　　果：	无
视　　频：	视频\第 2 章\切换窗口.mp4	关键技术：	"窗口"命令

STEP 01 在页面中，同时打开 3 个图形文件，单击"窗口"命令，在窗口下拉列表框中选择第 2 个窗口，如图 2-92 所示。

STEP 02 操作完成后，即可切换到第 2 个窗口，如图 2-93 所示。

图 2-92　单击相应命令

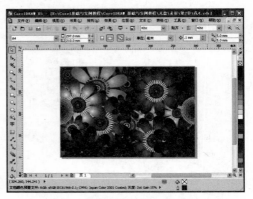

图 2-93　切换到第 2 个窗口

STEP 03 用与上同样的方法，即可切换到第 3 个窗口，效果如图 2-94 所示。

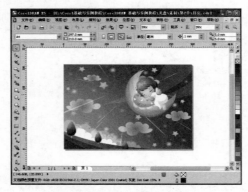

图 2-94　切换到第 3 个窗口

🔍 **技巧点拨**

在 CorelDRAW X5 中，按键盘上的【Ctrl + Tab】组合键，也可在各个窗口中进行切换。

2．排列窗口

若用户需要对多个窗口中的内容进行比较，则可先将各窗口进行层叠、水平平铺和垂直平铺等排列操作。

● 层叠窗口

进行层叠窗口操作后，各个窗口将以单独窗口的形式进行层叠排列。

单击"窗口"|"层叠"命令，如图 2-95 所示，各窗口即可以单独的窗口层叠显示，如图 2-96 所示。

● 水平平铺窗口

进行水平平铺窗口操作后，各个窗口将以相同的大小进行水平排列。

图 2-95　单击"层叠"命令

图 2-96　层叠窗口

单击"窗口"|"水平平铺"命令，如图 2-97 所示，各窗口即可以相同的大小水平平铺，如图 2-98 所示。

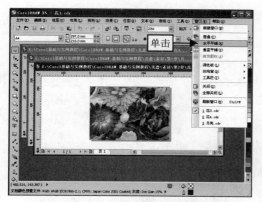

图 2-97　单击"水平平铺"命令

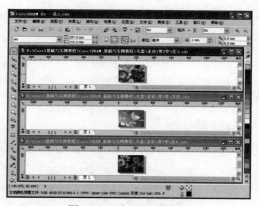

图 2-98　水平平铺窗口

● 垂直平铺窗口

进行垂直平铺窗口操作后，各个窗口将以相同的大小进行垂直排列。

单击"窗口"|"垂直平铺"命令，如图 2-99 所示，各窗口即可以相同的大小垂直排列，如图 2-100 所示。

图 2-99　单击"垂直平铺"命令

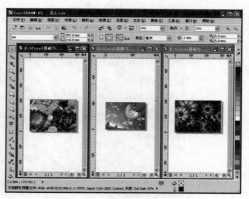

图 2-100　垂直排列窗口

2.6　本章小结

本章主要介绍 CorelDRAW X5 中文件的基本操作、辅助工具的应用和设置、标注图形的运用、版式的基本设置以及版式显示的基本操作。通过熟悉图形的绘制与编辑，将使用户绘制和编辑图形时更加得心应手，使用户能够更加得心应手地进行作品的设计。

2.7　习题测试

一、填空题

（1）CorelDRAW X5 为用户提供了 6 种视图显示模式，包括_____、线框、草稿、正常、_____以及叠印增强模式。

（2）标尺分为_____和_____，绘制或编辑图形时，可以在绘图区域中显示出标尺，以此来精确地绘制、缩放和对齐图形。

（3）使用自动度量工具可以自动标注对象的_____或_____，其使用方法与水平度量工具和垂直度量工具类似。

（4）添加页面的方法有哪 3 种：_____。

（5）在菜单栏的"视图"菜单下有 3 种预览显示试，分别为全屏显示、_____和页面排序器视图。

二、操作题

（1）使用学过的知识，为下面的图形文件设置网格，如图 2-101 所示。

图 2-101　为图像设置网格的前后效果

（2）使用学过的知识，更改图形文件的页面方向，如图如图 2-102 所示。

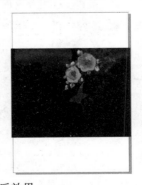

图 2-102　更改图形页面方向的前后效果

第 **3** 章　绘制与编辑简单图形

CorelDRAW X5 绘制和编辑图形的功能非常强大，为用户创建圆、矩形、多边形和星形等图形提供了一整套基础绘图工具，用户运用这些工具可以准确地绘制参数化的几何图形，同时还可以方便地对其进行编辑。本章主要向读者介绍使用绘图工具绘制图形的方法与技巧，并讲解相应图形的编辑与应用操作。

本章重点

- 运用工具绘制直线与曲线
- 绘制不规则图形
- 绘制几何图形
- 编辑直线与曲线

实例效果欣赏

视频演示

3.1 运用工具绘制直线与曲线

CorelDRAW X5 中大量的绘图作品都是由几何对象构成的，而构成几何对象最基本的元素就是直线和曲线。通过学习绘制直线和曲线，可以帮助读者进一步掌握 CorelDRAW X5 中绘图工具的使用方法。

实战范例——运用 3 点曲线工具绘制曲线

使用 3 点曲线工具可以很容易地绘制各种曲线，与手绘工具相比，它更能准确地确定曲线的曲度以及方向。3 点曲线工具常用于绘制弧形或近似圆弧的曲线。

运用 3 点曲线工具绘制图形的具体操作步骤如下：

	素　材：	素材\第 3 章\流线图	效　果：	效果\第 3 章\流线图
	视　频：	视频\第 3 章\运用 3 点曲线工具绘制曲线.mp4	关键技术：	3 点曲线工具

STEP 01 单击"文件"|"打开"命令，打开一幅素材图形文件，单击文件，选择工具箱中的 3 点曲线工具，然后在绘图页面的合适位置单击鼠标左键，并水平向右拖曳，如图 3-1 所示。

STEP 02 确定两点的距离后，释放鼠标，并向刚绘制线条的垂直方向移动鼠标，如图 3-2 所示。

图 3-1　水平移动鼠标

图 3-2　垂直移动鼠标

STEP 03 移至合适的位置后，单击鼠标左键，即可绘制一条曲线，如图 3-3 所示。

STEP 04 然后在调色板中设置曲线的"轮廓"为白色，效果如图 3-4 所示。

图 3-3　绘制曲线

图 3-4　更改曲线轮廓色

实战范例——运用钢笔工具绘制直线和曲线等

使用钢笔工具，可以准确地绘制曲线和图形，还可以对已绘制的曲线和图形进行编辑和修改。

1. 运用钢笔工具绘制曲线

运用钢笔工具绘制直线的方法非常简单，只需确定直线的两点，再进行确认即可。

选择工具箱中的钢笔工具，在绘制页面的合适位置单击鼠标左键，确定直线的起点，将鼠标水平向右移动，至合适的位置后单击鼠标左键，确定直线的终点，然后按键盘上的【Enter】键进行确认，如图 3-5 所示。在工具属性栏中设置轮廓宽度为 2mm，在调色板中设置"轮廓"为深褐色，如图 3-6 所示。

图 3-5　绘制直线

图 3-6　设置轮廓宽度与颜色

2．运用钢笔工具绘制曲线

　　在 CorelDRAW X5 中，用户可以运用钢笔工具可以精确地绘制曲线。

　　运用钢笔工具绘制曲线的具体操作步骤如下：

	素　　材：	素材\第 3 章\喇叭.cdr	效　　果：	效果\第 3 章\喇叭.cdr
DVD	视　　频：	视频\第 3 章\钢笔工具绘制曲线.mp4	关键技术：	钢笔工具

STEP 01 单击"文件"|"打开"命令，打开一幅素材图形文件，如图 3-7 所示。

STEP 02 选择工具箱中的钢笔工具，将鼠标移至绘图页面的合适位置，单击鼠标左键，确定曲线的第 1 点，将鼠标移至该点的右上角，单击鼠标左键，确定曲线的第 2 点，如图 3-8 所示。

图 3-7　打开图形文件

图 3-8　绘制曲线

STEP 03 依次创建曲线的第 3 点、第 4 点、第 5 点和第 6 点，最后将鼠标移至起始点上，单击鼠标左键，闭合曲线路径，如图 3-9 所示。

STEP 04 设置闭合路径的"填充颜色"为绿色、"轮廓颜色"为无，并用与上同样的方法，绘制并填充其他的图形，效果如图 3-10 所示。

图 3-9　闭合曲线路径

图 3-10　绘制并填充图形

3. 运用钢笔工具绘制封闭图形

运用钢笔工具绘制封闭图形与绘制曲线的方法类似，只是绘制封闭图形最后需要回到最初的起点上，以构成封闭的图形。

运用钢笔工具绘制封闭图形的具体操作步骤如下：

素　材：素材\第 3 章\花篮.cdr	效　果：效果\第 3 章\花篮.cdr
视　频：视频\第 3 章\钢笔工具绘制封闭图形.mp4	关键技术：钢笔工具

STEP 01 单击"文件"｜"打开"命令，打开一幅素材图片，选择工具箱中的钢笔工具，在绘制页面的合适位置单击鼠标左键，确定图形的起点，将鼠标移至页面的另一位置，单击鼠标左键，创建图形的第 2 点，如图 3-11 所示。

STEP 02 再次移动鼠标至其他位置，单击鼠标左键，创建图形的第 3 点，如图 3-12 所示。

图 3-11　创建第 2 个节点

图 3-12　创建第 3 个节点

STEP 03 用与上同样的方法，创建其他的节点，最后将鼠标移至最初创建的节点上，单击鼠标左键，绘制一个封闭的图形，如图 3-13 所示。

STEP 04 在调色板中设置图形的"填充"为紫色、"轮廓"为无，如图 3-14 所示。

STEP 05 在填充的图形上单击鼠标右键，弹出快捷菜单，选择"顺序"｜"到图层后面"选项，如图 3-15 所示。

图 3-13 绘制封闭图形

图 3-14 设置图形填充

STEP 06 将填充的图形调整至花篮的后面，效果如图 3-16 所示。

图 3-15 选择"到图层后面"选项

图 3-16 调整图层顺序

实战范例——运用手绘工具绘制直线和曲线等

使用手绘工具就像使用一支真正的铅笔，用户可以根据需要自行操作鼠标的轨迹以勾画路径，使用手绘工具可以绘制直线、曲线和封闭的图形等。

1. 运用手绘工具绘制直线

运用手绘工具绘制直线的方法很简单，用户只需在绘图页面中确定一个起点和一个终点即可。

选择工具箱中的手绘工具，将鼠标移至图形上方需要绘制直线的位置，单击鼠标左键，确定直线的起点，如图 3-17 所示，将鼠标向右上角移动，在合适的位置单击鼠标左键，确定直线的终点，即可完成直线的绘制，如图 3-18 所示。

图 3-17 确定直线的起点

图 3-18 完成直线绘制

2. 运用手绘工具绘制曲线

绘制曲线的方法与绘制直线的方法不一样，用户在确定曲线的起点后，在不释放鼠标的情况下继续拖曳鼠标，沿着拖曳的路径，即可创建一条曲线。

运用手绘工具绘制曲线的具体操作步骤如下：

	素 材：	素材\第 3 章\流线花纹.cdr	效 果：	效果\第 3 章\流线花纹.cdr
	视 频：	视频\第 3 章\运用手绘工具绘制曲线.mp4	关键技术：	手绘工具

STEP 01 选择工具箱中的手绘工具，将鼠标移至绘图页面中需要绘制曲线的位置，单击鼠标左键并拖曳，至合适位置后释放鼠标，即可绘制一条曲线，如图 3-19 所示。

STEP 02 单击工具属性栏中轮廓宽度数值框右侧的下三角按钮，在弹出的列表框中选择 1.5mm 选项，如图 3-20 所示。

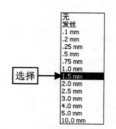

图 3-19　绘制一条曲线

图 3-20　选择轮廓宽度

STEP 03 执行操作后，即可更改绘制曲线的宽度，如图 3-21 所示。

STEP 04 然后将鼠标移至调色板中的"白色"色块上，单击鼠标右键，将曲线的颜色更改为白色，效果如图 3-22 所示。

图 3-21　更改曲线宽度

图 3-22　更改曲线颜色

3. 运用手绘工具绘制封闭图形

绘制封闭图形的方法与绘制曲线的方法类似，只是绘制到最后需回到绘制的起点位置，以闭合绘制的图形。

运用手绘工具绘制封闭图形的具体操作步骤如下：

	素　　材：	素材\第 3 章\流线花纹 01.cdr	效　　果：	效果\第 3 章\流线花纹 01.cdr
	视　　频：	视频\第 3 章\运用手绘工具绘制封闭图形.mp4	关键技术：	手绘工具

STEP 01 选择工具箱中的手绘工具，在绘图页面中单击鼠标左键并拖曳，如图 3-23 所示。

STEP 02 继续拖曳鼠标至绘制曲线的起始位置，如图 3-24 所示。

图 3-23　拖曳鼠标

图 3-24　拖曳至起始位置

STEP 03 释放鼠标，即可完成封闭图形的绘制，如图 3-25 所示。

STEP 04 将鼠标移至调色板的"白色"色块上，单击鼠标左键，将封闭图形填充白色，然后在调色板的无颜色色块上单击鼠标右键，清除图形的轮廓色，效果如图 3-26 所示。

图 3-25　绘制封闭图形

图 3-26　填充图形

实战范例——运用贝塞尔工具绘制曲线

使用贝塞尔工具，可以精确绘制平滑的曲线，用户可以通过确定节点数量和改变控制点的位置来控制曲线的弯曲程度，还可以使用节点和控制点对直线和曲线进行精确调整，从而绘制出精美的图形。

运用贝塞尔工具绘制曲线的具体操作步骤如下：

	素　　材：	素材\第 3 章\微笑服务.cdr	效　　果：	效果\第 3 章\微笑服务.cdr
	视　　频：	视频\第 3 章\运用贝塞尔工具绘制曲线.mp4	关键技术：	贝塞尔工具

STEP 01 单击"文件"|"打开"命令，打开一幅素材图形文件，如图 3-27 所示。

STEP 02 选择工具箱中的贝塞尔工具，将鼠标移至绘图页面的合适位置，单击鼠标左键，确定曲线的第 1 点，将鼠标水平向右移动，至合适位置后单击鼠标左键并向右上角拖曳，如图 3-28 所示。

图 3-27　打开图形文件

图 3-28　拖曳鼠标

STEP 03 至合适位置后释放鼠标左键，即可绘制一条曲线，如图 3-29 所示。

STEP 04 在工具属性栏中设置"轮廓宽度"为 1mm，效果如图 3-30 所示。

图 3-29　绘制曲线

图 3-30　设置轮廓宽度

运用多点线工具绘制直线和曲线

　　使用多点线工具绘制曲线的方法与使用手绘工具的方法相似。选取工具箱中的多点线工具，在绘图页面中曲线的起始点处，单击鼠标左键，然后按照曲线的形状拖动鼠标，释放鼠标后即可绘制出曲线。若要结束绘制曲线的操作，在终点处双击鼠标左键即可。

实战范例——运用折线工具绘制曲线

　　使用智能绘图工具 △ 绘制手绘笔触，可以对手绘笔触进行识别，并转换为基本形状。

　　运用智能绘图工具绘制曲线的具体操作步骤如下：

	素　材：	素材\第 3 章\心.cdr	效　果：	效果\第 3 章\心.cdr
	视　频：	视频\第 3 章\运用折线工具绘制曲线.mp4	关键技术：	折线工具

STEP 01 选择工具箱中的折线工具，将鼠标移至绘图页面的合适位置，单击鼠标左键并沿需

要绘制曲线的路径拖曳，如图 3-31 所示。

STEP 02 至合适位置后释放鼠标，即可绘制一条曲线，如图 3-32 所示。

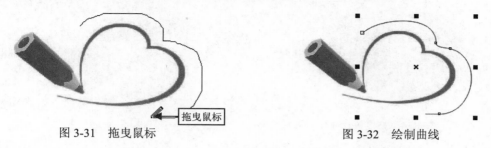

图 3-31　拖曳鼠标　　　　　　　　　　　　　　图 3-32　绘制曲线

STEP 03 然后在调色板中设置曲线的"轮廓"为红色，效果如图 3-33 所示。

图 3-33　设置轮廓色为红色

实战范例——运用艺术笔工具绘制艺术线条

艺术笔工具在绘图时可以模拟真实的笔触，还可以直接喷涂由图案组成的图形组。艺术笔工具所绘制的图案是沿着鼠标拖曳的路径形状产生的，这条路径处于隐藏状态。艺术笔工具的属性栏中提供了 5 种用于绘制艺术笔的模式，包括"预设"、"笔刷"、"喷罐"、"书法"和"压力"模式，运用不同的模式可以绘制不同的笔触效果。

1. 预设模式

选择艺术笔工具后，在工具属性栏中单击"预设"按钮，用户可在预设笔触列表框中看到系统提供的用来创建各种形状的粗笔触。

运用预设模式艺术笔的具体操作步骤如下：

	素　　材：	素材\第 3 章\涂鸦.cdr	效　　果：	效果\第 3 章\涂鸦.cdr
	视　　频：	视频\第 3 章\运用预设模式艺术笔.mp4	关键技术：	"预设"按钮

STEP 01 选择工具箱中的艺术笔工具，在工具属性栏中单击"预设"按钮，将鼠标移至绘图页面的合适位置，单击鼠标左键并拖曳，如图 3-34 所示。

STEP 02 至合适位置后释放鼠标左键，即可绘制"预设"模式下的艺术笔形状，如图 3-35 所示。

图 3-34　拖曳鼠标

图 3-35　艺术笔形状

STEP 03 然后在调色板中设置"填充"为红色、"轮廓"为无，如图 3-36 所示。

STEP 04 用与上同样的方法，运用艺术笔工具绘制其他的"预设"艺术笔形状，效果如图
3-37 所示。

图 3-36　设置填充色与轮廓色

图 3-37　绘制其他艺术笔形状

2. 笔刷模式

单击工具属性栏中的"笔刷"按钮，在笔触列表框中为用户提供了箭头、图案、笔刷等艺术笔样式。

选择工具箱中的艺术笔工具，单击工具属性栏中的"笔刷"按钮，在笔触列表中选择合适的笔触样式，将鼠标移至绘图页面的合适位置，单击鼠标左键并拖曳，如图 3-38 所示，至合适的位置后释放鼠标，即可绘制"笔刷"模式下的艺术笔形状，如图 3-39 所示。

图 3-38　拖曳鼠标

图 3-39　绘制艺术笔形状

3．喷罐模式

单击工具属性栏中的"喷罐"按钮 ，在喷涂列表框中提供了大量的喷涂列表文件，使用该模式下的艺术笔工具，可以在所绘制路径的周围均匀地绘制喷罐器中的图案，也可根据需要调整喷罐图案中对象之间的间距以及控制喷涂线条的显示方式，还可对对象进行旋转和偏移等操作。

选择工具箱中的艺术笔工具，单击工具属性栏中的"喷罐"按钮，在喷涂列表中选择烟花艺术笔样式，将鼠标移至绘图页面的合适位置，单击鼠标左键并拖曳，如图 3-40 所示，至合适的位置后释放鼠标，即可绘制"喷罐"模式下的艺术笔形状，如图 3-41 所示。

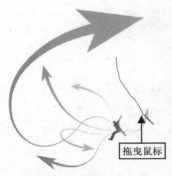
图 3-40 拖曳鼠标

图 3-41 "喷罐"模式的艺术笔形状

4．书法模式

使用书法模式的艺术笔工具，在页面中绘制线条时，可以模拟书法笔触的效果。

书法模式艺术笔的具体操作步骤如下：

STEP 01 选择工具箱中的艺术笔工具，单击工具属性栏中的"书法"按钮 ，在绘制页面的合适位置单击鼠标左键并拖曳，如图 3-42 所示。

STEP 02 至合适位置后释放鼠标，即可绘制"书法"模式下的线条，如图 3-43 所示。

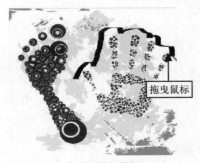
图 3-42 拖曳鼠标

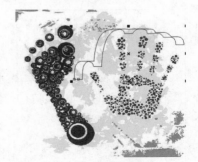
图 3-43 绘制线条

STEP 03 在调色板中设置线条的"填充"为蓝色、"轮廓"为无，效果如图 3-44 所示。

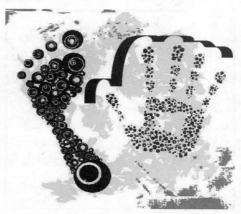

图 3-44　设置填充色与轮廓色

5．压力模式

运用该模式的艺术笔，需要结合使用压力笔或者按键盘上的上、下键来绘制路径，笔触的粗细完全由用户握笔的压力大小和键盘上的反馈信息来决定。

选择工具箱中的艺术笔工具，单击工具属性栏中的"压力"按钮 ，将鼠标移至绘图页面中的合适位置，单击鼠标左键并拖曳，同时按键盘上的上、下键来控制画笔压力，拖曳至合适的位置后释放鼠标，即可绘制"压力"模式下的线条，如图 3-45 所示，然后在调色板中设置线条的"填充"为绿色、"轮廓"为无，如图 3-46 所示。

图 3-45　绘制线条

图 3-46　填充线条颜色

3.2　绘制不规则图形

若使用绘图工具绘制的图形不能满足用户的需求，此时，用户可运用其他变形工具，如形状工具 、涂沫笔刷 、刻刀工具 、橡皮擦工具 以及虚拟段删除工具 等对绘制的图形进行变形操作。

实战范例——涂抹笔刷工具绘制图形

使用涂抹工具可以将图形根据用户的需要涂抹成任意形状。

涂抹工具变形对象的具体操作步骤如下：

素　　材：素材\第 3 章\美味早点.cdr	效　　果：效果\第 3 章\美味早点.cdr
视　　频：视频\第 3 章\涂抹笔刷工具绘制图形.mp4	关键技术：涂抹笔刷工具

STEP 01 单击"文件"|"打开"命令，打开一幅素材图形文件，选择工具箱中的涂抹笔刷工具，在工具属性栏中设置"笔尖大小"为 15mm、"在效果中添加水份浓度"为 5、"为斜移设置输入固定值"为 45、"为关系设置输入固定值"为 180，将鼠标移至绘图页面的合适位置，如图 3-47 所示。

STEP 02 单击鼠标左键并向下拖曳，如图 3-48 所示。

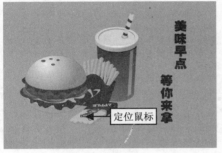

图 3-47　定位鼠标　　　　　　　　　图 3-48　拖曳鼠标

STEP 03 至合适位置后释放鼠标左键，即可变形图形对象，如图 3-49 所示。

STEP 04 用与上同样的方法，变形绘图面中的其他图形，效果如图 3-50 所示。

图 3-49　变形图形对象　　　　　　　　图 3-50　变形其他图形

实战范例——运用橡皮擦工具变形图形

使用橡皮擦工具在对象上双击某一点，可以擦除一个圆形或方形区域。

使用橡皮擦工具擦除对象的具体操作步骤如下：

素　　材：素材\第 3 章\咖啡杯.cdr	效　　果：效果\第 3 章\咖啡杯.cdr
视　　频：视频\第 3 章\运用橡皮擦工具变形图形.mp4	关键技术：橡皮擦工具

STEP 01 单击"文件"|"打开"命令，打开一幅素材图形文件，如图 3-51 所示。

STEP 02 运用挑选工具选择杯中需要擦除的对象，选择工具箱中的橡皮擦工具，在工具属性栏中的"橡皮擦厚度"数值框中输入 10mm，将鼠标移至选择的图形上，鼠标指针呈圆形，如图 3-52 所示。

图 3-51　打开图形文件

图 3-52　定位鼠标

STEP 03 单击鼠标左键并涂抹，鼠标经过之处呈白色显示，如图 3-53 所示。

STEP 04 拖曳至合适位置后释放鼠标左键，即可擦除选择的图形对象，效果如图 3-54 所示。

图 3-53　涂抹图形

图 3-54　擦除对象后的效果

实战范例——运用虚拟段工具删除图形

虚拟段删除工具 可以删除一些无用的线条，包括曲线及使用绘图工具绘制的矩形、椭圆等矢量图形，还可以删除整个对象或对象中的一部分。

1. 删除整个对象

使用虚拟段删除工具删除对象时，既不需要运用菜单命令，也不需要按【Delete】键，只需使用该工具单击需要删除的对象即可。

删除整个对象的具体操作步骤如下：

	素　　材：	素材\第 3 章\食盒.cdr	效　　果：	效果\第 3 章\食盒.cdr
	视　　频：	视频\第 3 章\删除整个对象.mp4	关键技术：	虚拟段删除工具

STEP 01 单击"文件"|"打开"命令，打开一幅素材图形文件，选择工具箱中的虚拟段删除工具，将鼠标移至绘图页面中杯口的边缘处，此时，鼠标指针呈垂直刻刀状，如图 3-55 所示。

STEP 02 单击鼠标左键，即可删除杯口边缘处的灰色对象，效果如图 3-56 所示。

图 3-55　定位鼠标

图 3-56　删除图形对象

　　选择工具箱中的虚拟段删除工具后，将鼠标移至需要删除对象的左上角，单击鼠标左键并向右下角拖曳，直至框选整个对象后释放鼠标左键，即可删除框选的整个对象。

2．删除部分线条

使用虚拟段删除工具可以将交叉在一起的矢量图形中的任意一段线条删除。

删除部分线条的具体操作步骤如下：

	素　　材：	素材\第 3 章\运动男孩.cdr	效　　果：	效果\第 3 章\运动男孩.cdr
	视　　频：	视频\第 3 章\删除部分线条.mp4	关键技术：	虚拟段删除工具

STEP 01 单击"文件"|"打开"命令，打开一幅素材图形文件，如图 3-57 所示。

STEP 02 选择工具箱中的虚拟段删除工具，将鼠标移至需要删除的线条上，此时鼠标指针呈垂直的刻刀状，如图 3-58 所示。

图 3-57　打开图形文件

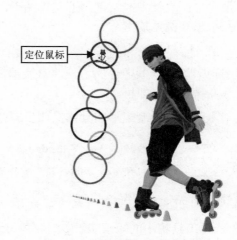
图 3-58　定位鼠标

STEP 03 单击鼠标左键，即可删除鼠标下方的线段，如图 3-59 所示。

STEP 04 用与上同样的方法，删除绘图页面中其他的交叉线条，效果如图 3-60 所示。

图 3-59　删除线段

图 3-60　删除其他线条

3.3　绘制几何图形

CorelDRAW X5 是一个绘图功能非常强大的软件，使用矩形工具、椭圆工具、多边形工具、星形工具及绘图工具等，可以非常容易地绘制出一些基本形状图形，如矩形、椭圆、多边形等。

实战范例——绘制矩形

矩形是平面设计中经常使用的基本图形，运用 CorelDRAW X5 中的矩形工具，能够方便地绘制矩形和圆角矩形。

1．矩形工具

运用矩形工具绘制图形的方法非常简单，只需在选择该工具的前提下，在绘图页面中单击鼠标左键并拖曳即可。

运用矩形工具绘制矩形的具体操作步骤如下：

	素　　材：素材\第 3 章\名片.cdr	效　　果：效果\第 3 章\名片.cdr
	视　　频：视频\第 3 章\运用矩形工具绘制矩形.mp4	关键技术：矩形工具

STEP 01　单击"文件"|"打开"命令，打开一幅素材图形文件，如图 3-61 所示。

STEP 02　选择工具箱中的矩形工具▢，将鼠标移至绘图页面的合适位置，单击鼠标左键并向右下角拖曳，如图 3-62 所示。

STEP 03　至合适位置后释放鼠标左键，即可绘制一个矩形，如图 3-63 所示。

STEP 04　将矩形填充为白色，并调整其排列顺序，效果如图 3-64 所示。

图 3-61 打开图形文件

图 3-62 拖曳鼠标

图 3-63 绘制矩形

图 3-64 填充并调整图形

专家提醒

　　使用矩形工具还可以绘制圆角矩形，选择工具箱中的矩形工具，在其属性栏中矩形的边角圆滑度数值框中输入相应的值，然后在绘图页面的合适位置，单击鼠标左键并拖曳，至合适位置后释放鼠标左键，即可绘制圆角矩形。

2．3 点矩形工具

使用 3 点矩形工具 ⊞ 可以绘制以任意角度为起始点的矩形。

运用 3 点矩形工具的具体操作步骤如下：

素　　材：	素材\第 3 章\卡.cdr	效　　果：	效果\第 3 章\卡.cdr
视　　频：	视频\第 3 章\运用 3 点矩形工具.mp4	关键技术：	3 点矩形工具

STEP 01 单击"文件"|"打开"命令，打开一幅素材图形文件，选择工具箱中的 3 点矩形工具，将鼠标移至图形的合适位置，单击鼠标左键并向右上角拖曳，如图 3-65 所示。

STEP 02 至合适位置后释放鼠标左键，将鼠标指针向下移动，会显示一个矩形框，如图 3-66 所示。

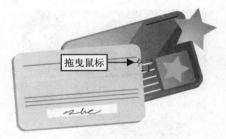

图 3-65 拖曳鼠标

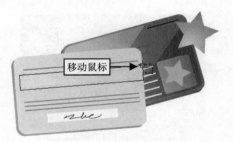

图 3-66 移动鼠标指针

STEP 03 至合适位置后，单击鼠标左键，即可绘制一个矩形，如图 3-67 所示，单击调色板中的黑色色块，将绘制的矩形填充为黑色，效果如图 3-68 所示。

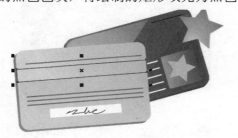 

图 3-67 绘制矩形 图 3-68 填充颜色

实战范例——绘制椭圆

运用 CorelDRAW X5 中的椭圆工具 和 3 点椭圆工具 ，可以方便地绘制椭圆、圆形、饼形和圆弧。

绘制椭圆的具体操作步骤如下：

	素　　材：	素材\第 3 章\电视屏幕.cdr	效　　果：	效果\第 3 章\电视屏幕.cdr
	视　　频：	视频\第 3 章\绘制椭圆.mp4	关键技术：	椭圆工具

STEP 01 单击"文件"|"打开"命令，打开一幅素材图形文件，如图 3-69 所示。

STEP 02 选择工具箱中的椭圆工具，将鼠标移至绘图页面的合适位置，按住【Ctrl＋Shift】组合键的同时，单击鼠标左键并向右上角拖曳，如图 3-70 所示。

图 3-69 打开图形文件 图 3-70 拖曳鼠标

STEP 03 至合适位置后释放鼠标左键，绘制一个正圆，并将其填充为蓝色，如图 3-71 所示。

STEP 04 按【Ctrl＋PageDown】组合键，将绘制的正圆调整至合适的层，效果如图 3-72 所示。

图 3-71 绘制并填充正圆 图 3-72 调整图形的排列顺序

实战范例——绘制多边形

　　使用多边形工具 ，可以绘制对称的多边形，在多边形工具属性栏中设置相应的参数，就可以绘制出需要的图形。

　　绘制多边形的具体操作步骤如下：

	素　　材：	素材\第 3 章\自行车大赛.cdr	效　　果：	效果\第 3 章\自行车大赛.cdr
	视　　频：	视频\第 3 章\绘制多边形.mp4	关键技术：	多边形工具

STEP 01 单击"文件"|"打开"命令，打开一幅素材图形文件，如图 3-73 所示。

STEP 02 选择工具箱中的多边形工具，在工具属性栏中设置边数为 4，将鼠标移至绘图页面的合适位置，单击鼠标左键并拖曳，至合适位置后释放鼠标左键，绘制一个多边形，如图 3-74 所示。

图 3-73　打开图形文件

图 3-74　绘制多边形

STEP 03 单击调色板中的黄色色块，将多边形"填充"为黄色，并设置"轮廓色"为无，如图 3-75 所示。

STEP 04 按【Ctrl＋PageDown】组合键，将多边形调整至合适的层，效果如图 3-76 所示。

图 3-75　填充图形

图 3-76　调整图形排列顺序

实战范例——绘制星形

　　使用工具箱中的星形工具，可以绘制具有指定点数的星形图形。

　　绘制星形的具体操作步骤如下：

素　　材：	素材\第3章\健身俱乐部.cdr	效　　果：	效果\第3章\健身俱乐部.cdr
视　　频：	视频\第3章\绘制星形.mp4	关键技术：	星形工具

STEP 01 单击"文件"|"打开"命令，打开一幅素材图形文件，如图3-77所示。

STEP 02 选择工具箱中的星形工具，在工具属性栏中设置星形"点数"为7，将鼠标移至绘图页面的合适位置，单击鼠标左键并拖曳，至合适位置后释放鼠标左键，即可绘制一个星形图形，如图3-78所示。

图3-77　打开图形文件

图3-78　绘制星形图形

STEP 03 在调色板的白色色块上单击鼠标左键，并在无填充色块上单击鼠标右键，设置"填充颜色"为白色、"轮廓颜色"为无，如图3-79所示。

STEP 04 用与上同样的方法，绘制并填充其他的星形图形，效果如图3-80所示。

图3-79　填充图形

图3-80　绘制并填充其他星形

实战范例——绘制图纸

在设计中经常会使用到网格状的图形，而运用工具箱中的图纸工具，可以非常方便地绘制出网格状的图形对象。

运用图纸工具绘制网格图形的具体操作步骤如下：

素　　材：	素材\第3章\放大镜.cdr	效　　果：	效果\第3章\放大镜.cdr
视　　频：	视频\第3章\绘制图纸.mp4	关键技术：	图纸工具

STEP 01 单击"文件"|"打开"命令，打开一幅素材图形文件，如图3-81所示。

STEP 02 选择工具箱中的图纸工具，在工具属性面板中设置图纸的行和列分别为 8、6，将鼠标移至绘图页面的合适位置，按住鼠标左键并向右下角拖曳，如图 3-82 所示。

图 3-81　打开图形文件

图 3-82　拖曳鼠标

STEP 03 至合适位置后释放鼠标左键，即可绘制网格图形，如图 3-83 所示。

STEP 04 在调色板中设置网格图形的"轮廓颜色"为白色，并将其调整至合适的层，效果如图 3-84 所示。

图 3-83　绘制网格图形

图 3-84　填充并调整图形

实战范例——绘制预设形状

CorelDRAW X5 为用户提供了大量的基本图案，选择工具箱中的基本形状工具，在工具属性栏的"完美形状"工具栏中提供了绘制基本形状、箭头、流程图、标题和标注的预定义形状。

绘制预设形状的具体操作如下：

	素　材：	素材\第 3 章\手枪.cdr	效　果：	效果\第 3 章\手枪.cdr
	视　频：	视频\第 3 章\绘制预设形状.mp4	关键技术：	"完美形状"按钮

STEP 01 选择工具箱中的标题形状工具，单击工具属性栏中的"完美形状"按钮，在弹出的工具栏中选择最后一个标题形状样式，如图 3-85 所示。

STEP 02 在绘图页面的适当位置单击鼠标左键并拖曳，如图 3-86 所示。

STEP 03 至合适的位置后释放鼠标，即可绘制一个预设的标题形状，如图 3-87 所示。

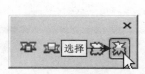

图 3-85　选择标题形状样式

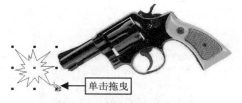

图 3-86　单击并拖曳鼠标

STEP 04 在调色板中设置标题形状的"填充"为红色、"轮廓"为无，效果如图 3-88 所示。

图 3-87　绘制标题形状

图 3-88　设置形状颜色

3.4　编辑直线与曲线

使用手绘工具或贝塞尔工具在绘制图形的过程中，若用户对绘制的曲线或者直线不满意，需要反复修改，用户可以使用形状工具 对节点进行编辑，通过编辑节点可以改变线段的弯曲度以及图形的形状，还可以移动节点和曲线、添加和删除节点、连接和分割曲线、转换直线为曲线、改变节点属性以及对齐多个节点。

实战范例——选择和移动节点

通过选择移动路径上的节点，可以精确地调整路径的形状。

选择和移动节点的具体操作步骤如下：

	素　　材：	素材\第 3 章\卡通电脑.cdr	效　　果：	效果\第 3 章\卡通电脑.cdr
	视　　频：	视频\第 3 章\选择和移动节点.mp4	关键技术：	形状工具

STEP 01 单击"文件"|"打开"命令，打开一幅素材图形文件，运用工具箱中的形状工具，选择右侧圆球上的一个节点，如图 3-89 所示。

STEP 02 单击鼠标左键并水平向右拖曳，如图 3-90 所示。

STEP 03 至合适位置后释放鼠标左键，移动节点的位置，如图 3-91 所示。

STEP 04 用与上同样的方法，调整其他节点的位置，效果如图 3-92 所示。

🔍 技巧点拨

选择曲线上的一个节点后，按住【Shift】键的同时，依次在其他的节点上单击，可同时选择多个节点。

图 3-89　选择节点

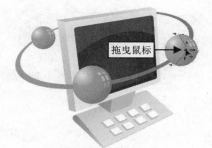

图 3-90　拖曳鼠标

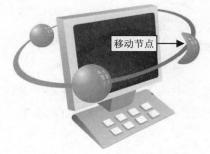

图 3-91　移动节点

图 3-92　移动其他节点

3.4.1　添加和删除节点

CorelDRAW X5 中通过添加和删除节点，可以更好地对图形对象的形状进行编辑，绘制出更为精确的图形效果。

1. 添加节点

在图形对象上添加节点可以使绘制的图形更为精细、准确。

选择工具箱中的形状工具，单击需要添加节点的对象，如图 3-93 所示，然后在需要添加节点的位置上双击鼠标左键，即可在双击的位置添加一个节点，如图 3-94 所示。

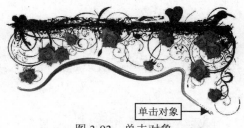

图 3-93　单击对象

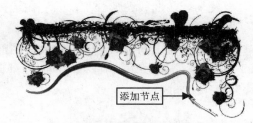

图 3-94　添加节点

2. 删除节点

将图形对象中多余的节点删除，可以使绘制的图形的过渡更加平滑、自然。

选择工具箱中的形状工具，选择曲线图形最左侧的节点，如图 3-95 所示，然后按键盘上的【Delete】键，即可将选择的节点删除，如图 3-96 所示。

图 3-95　选择节点

图 3-96　删除节点

　　　　选择需要删除的节点后，单击工具属性栏中的"删除节点"按钮 ![图标]，即可将选择的节点删除。

3.4.2　连接和分割曲线

　　在同一曲线图形上的两个节点，可以将其连接为一个节点，被连接的两个节点间的线段会闭合，同样，用户也可将原本完整的图形进行分割，以达到所需的设计效果。

1.　连接节点

　　两个呈分开状态的节点，可以将其连接起来。

　　选择工具箱中的形状工具，接着在需要连接节点的曲线图形上单击，如图 3-97 所示，然后单击工具属性栏中的"自动闭合曲线"按钮 ![图标]，即可将分开的节点连接，如图 3-98 所示。

图 3-97　单击曲线图形

图 3-98　连接节点

2.　分割节点

　　要使闭合的曲线图形分割，只需在选择图形中某个节点的情况下，单击工具属性栏中的"断开曲线"按钮 ![图标] 即可。

　　选择工具箱中的形状工具，在曲线图形的合适位置双击鼠标左键，添加一个节点，如图 3-99 所示，单击工具属性栏中的"断开曲线"按钮，即可将曲线图形的节点分割，如图 3-100 所示。

图 3-99　添加一个节点

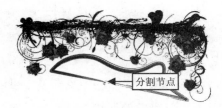

图 3-100　分割节点

3.4.3 直线与曲线的互换

在 CorelDRAW X5 中，用户可方便、快捷地将绘制的直线转换为曲线，同时也可以将曲线转换为直线。

1．将直线转换为曲线

将直线转换为曲线后，两个节点之间会显示控制柄，通过调整控制柄，直线就变成了曲线。

选择工具箱中的形状工具，在需要转换为曲线的直线上单击鼠标左键，如图 3-101 所示，单击工具属性栏中的"转换直线为曲线"按钮，将鼠标移至曲线的中间位置，单击鼠标左键并向左上角拖曳，即可将直线变成曲线，如图 3-102 所示。

图 3-101 单击直线   图 3-102 将直线变为曲线

2．将曲线转换为直线

在进行图形的绘制时，用户可能需要将绘制的曲线转换为直线，以达到所需要的设计效果。

选择工具箱中的形状工具，在绘制页面的曲线上单击，如图 3-103 所示，单击工具属性栏中的"选择全部节点"按钮，然后单击"转换曲线为直线"按钮，将曲线转换为直线，如图 3-104 所示。

图 3-103 单击曲线   图 3-104 将曲线转换为直线

3.4.4 改变节点属性

通过工具属性栏可以更改图形对象中节点的属性，包括使节点成为尖突、平滑节点以及生成对称节点等。

运用形状工具选择曲线图形中的一个节点，如图 3-105 所示，单击工具属性栏中的"生成对称节点"按钮，即可更改节点的属性，如图 3-106 所示。

图 3-105　选择节点

图 3-106　更改节点属性

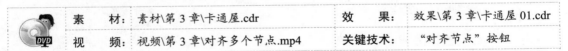

实战范例——对齐多个节点

在 CorelDRAW X5 中，可以将多个节点水平或垂直对齐。

对齐多个节点的具体操作步骤如下：

	素　　材：	素材\第 3 章\卡通屋.cdr	效　　果：	效果\第 3 章\卡通屋 01.cdr
	视　　频：	视频\第 3 章\对齐多个节点.mp4	关键技术：	"对齐节点"按钮

STEP 01 打开一幅图形文件，选择工具箱中的形状工具，按住【Shift】键的同时，在绘图页面中选择两个需要对齐的节点，如图 3-107 所示。

STEP 02 单击工具属性栏中的"对齐节点"按钮，弹出"节点对齐"对话框，取消"垂直对齐"复选框的选择，并保留"水平对齐"复选框处于选中状态，如图 3-108 所示。

图 3-107　选择需要对齐的节点

图 3-108　弹出"节点对齐"对话框

STEP 03 单击"确定"按钮，即可将选择的两个节点水平对齐，如图 3-109 所示。

STEP **04** 用与上同样的方法，对齐曲线图形中的其他节点，效果如图 3-110 所示。

图 3-109 水平对齐节点

图 3-110 对齐其他节点

3.5 本章小结

本章主要讲解了图形的绘制与编辑，并介绍了运用多种绘图工具绘制直线与曲线，运用涂抹笔刷工具、粗糙笔刷工具等绘制不规则图形，利用 CorelDRAW 强大的绘图与编辑功能绘制矩形、椭圆、多边形、星形等几何图形以及通过移动节点、添加和删除节点、连接和分割曲线等。熟悉 CorelDRAW 各种绘图工具与编辑功能，将使用户能够更加顺利地设计出理想中的作品。

3.6 习题测试

一、填空题

（1）手绘工具组中用于绘制线条的工具包括_____、贝塞尔工具、艺术笔工具、钢笔工具、折线工具、_____以及连接器工具。

（2）在使用手绘工具绘制直线时，确定直线起点后，按住_____键并移动鼠标，可强制直线以_____的角度增量变化。

（3）3 点曲线工具常用于绘制_____或近似圆弧的_____。

（4）在绘制矩形的过程中，若同时按住 键，则绘制的图形是以起始点为中心的矩形，若同时按住_____键，则绘制的图形是以起始点为中心的正方形。

（5）艺术笔工具的属性栏中提供了 5 种用于绘制艺术笔触的模式，包括_____、笔刷模式、_____、书法模式和_____。

二、操作题

（1）使用学过的知识，为图形绘制曲线，如图 3-111 所示。

（2）使用学过的知识，为图形绘制网格，如图 3-112 所示。

图 3-111　为图像绘制曲线的前后效果

图 3-112　为图像绘制网格的前后效果

第 ④ 章　调整与编辑图形对象

在实际的图形绘制工作中，有时需要花费大量的时间调整对象的位置、大小和角度等。因为一幅作品的各个对象不是杂乱无章地分布在页面上的，而是有条不紊地排列组合在一起，所以对对象的调整与编辑尤为重要。本章主要向读者介绍运用 CorelDRAW X5 中强大的图形对象编辑功能对图形对象进行调整与编辑。

本　章　重　点

- 选择图形对象
- 编辑图形对象
- 操作图形对象
- 调整对象位置

实　例　效　果　欣　赏

视　频　演　示

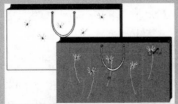

4.1 选择图形对象

在 CorelDRAW X5 中，对任何图形对象进行操作之前都需要选择相应对象。选择图形对象时，可以选择单个对象，也可以选择多个对象，还可以选择群组中的对象、隐藏的对象和全部对象等。

技巧点拨

单击"编辑"|"全选"命令，或按键盘上的【Ctrl + A】组合键，也可选择绘图页面的全部图形对象。

4.1.1 选择单一对象

若用户需要对绘图页面中的一个图形对象进行编辑，首先需要选择该图形对象。

选择工具箱中的挑选工具，然后将鼠标移至需要选取的图形对象上，如图 4-1 所示，再单击鼠标左键，即可选取单一图形对象，在选定对象的周围显示 8 个控制柄，如图 4-2 所示。

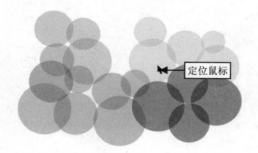
图 4-1　定位鼠标

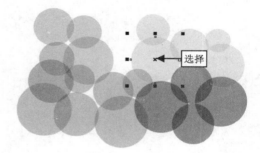
图 4-2　选取单一图形对象

4.1.2 选择多个对象

若需要对多个对象同时进行编辑，则可通过单击或框选的方式同时选取多个对象。

1. 通过单击选取多个对象

通过单击选取多个对象，必须按住【Ctrl】键的同时，再单击其他图形对象。

运用挑选工具选取一个图形对象，如图 4-3 所示，按住【Shift】键的同时，在其他需要选择的图形对象上依次单击鼠标左键，即可选取多个对象，如图 4-4 所示。

2. 通过框选选取多个对象

运用工具箱中的挑选工具，在绘图页面中需要选择的图形对象上单击鼠标左键并拖曳，即可框选多个对象。

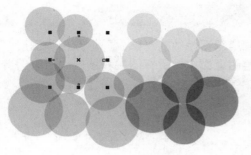

图 4-3 选取一个图形对象

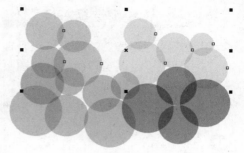

图 4-4 选取多个图形对象

选择工具箱中的挑选工具,将鼠标移至绘图页面的合适位置,单击鼠标左键并向右下角拖曳,如图 4-5 所示,至合适的位置后释放鼠标,即可选取多个对象,如图 4-6 所示。

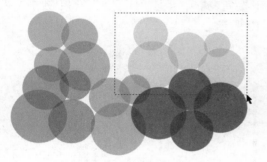

图 4-5 拖曳鼠标

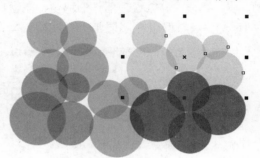

图 4-6 选取多个对象

专家提醒

    用户在选择多个对象后,若要撤销其中一个对象的选择,可以在按住【Shift】键的同时,再单击该对象。

4.1.3 选择隐藏对象

用户在进行图形编辑时,若需要选择隐藏在图形后方的图形对象,则可在按住【Alt】键的同时,单击隐藏的图形对象。

选择工具箱中的挑选工具,将鼠标移至隐藏图形所在的位置,如图 4-7 所示,按住【Alt】键的同时,单击鼠标左键,即可选取隐藏的对象,如图 4-8 所示。

图 4-7 定位鼠标

图 4-8 选取隐藏的对象

实战范例——泊坞窗选择对象

运用"对象管理器"泊坞窗可以管理和控制绘图页面中的对象、群组图形和图层，在该泊坞窗中列出了绘图窗口所有的绘图页面、绘图页面中的所有图层和图层中所有的群组和对象信息。

运用泊坞窗选择对象的具体操作步骤如下：

	素　材：素材\第 4 章\橱窗.cdr	效　果：效果\第 4 章\橱窗.cdr
	视　频：视频\第 4 章\泊坞窗选择对象.mp4	关键技术："对象管理器"命令

STEP 01 单击"窗口"|"泊坞窗"|"对象管理器"命令，如图 4-9 所示。

STEP 02 打开"对象管理器"泊坞窗，在窗口的下拉列表框中展开"图层 1"的相应结构树，选择"12 对象群组在图层 1 上"图层，如图 4-10 所示。

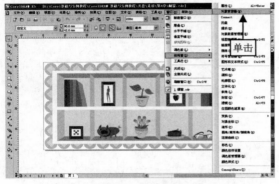

图 4-9　单击"对象管理器"命令　　　图 4-10　弹出"对象管理器"泊坞窗

STEP 03 即可在绘图页面中选择相对应的图形对象，效果如图 4-11 所示。

图 4-11　选择图形对象

专家提醒　　选择了一个对象后，按住【Shift】键的同时单击另一个对象的结构树目录，可以同时选择这两个对象以及两个对象之间的所有对象；按住【Ctrl】键的同时单击其他对象的结构树目录，则可同时选择所单击的多个对象。

4.1.4　从群组中选择一个对象

直接运用挑选工具单击群组对象，选择的是整个群组对象，而在实际图形编辑的过程中，经常需要选择群组中的一个对象。下面将具体向读者介绍选取群组中一个对象的方法。

打开一个全部群组的图形文件，选择工具箱中的挑选工具，将鼠标移至绘图页面的相框图形上，如图 4-12 所示，按住【Ctrl】键的同时单击鼠标左键，选取群组中的一个对象，如图 4-13 所示。

图 4-12　定位鼠标

图 4-13　选取一个对象

4.2　编辑图形对象

在平面设计工作中，对象的位置、大小和角度等属性直接影响作品的美观。本节将对对象的一些基本操作进行详细讲解，接下来分别介绍对象的剪切、旋转、倾斜、镜像、精确缩放、复制与再制的简单调整。

实战范例——剪切对象

在编辑图形的过程中，通过执行剪切操作后，图形对象将暂时删除，在没有执行其他复制或剪切操作的前提下，单击"编辑"|"粘贴"命令，可将剪切的图形再次粘贴到绘图页面中。

剪切对象的具体操作步骤如下：

	素　　材：	素材\第 4 章\水晶球.cdr	效　　果：	效果\第 4 章\水晶球.cdr
	视　　频：	视频\第 4 章\剪切对象.mp4	关键技术：	"剪切"命令

STEP 01 单击"文件"|"打开"命令，打开一幅素材图片，运用挑选工具选择绘图页面中需要删除的图形对象，如图 4-14 所示。

STEP 02 单击"编辑"|"剪切"命令，即可将选择的图形对象剪切，如图 4-15 所示。

图 4-14　选择图形对象

图 4-15　剪切图形

STEP 03 然后单击"编辑"|"粘贴"命令，此时，剪切的图形将粘贴到绘图页面中，效果如图 4-16 所示。

图 4-16　粘贴图形

实战范例——旋转对象

在 CoreIDRAW X5 中，不仅可以围绕对象的中心旋转对象，还可以制定的位置为中心进行旋转操作。同时也可以用参数控制的方式精确旋转对象。

1. 使用鼠标旋转对象

通过使用鼠标拖曳对象的旋转控制柄，可以快捷地调整对象的旋转角度。

使用鼠标旋转对象的具体操作步骤如下：

素 材：	素素材\第 4 章\妇人.cdr	效 果：	效果\第 4 章\妇人.cdr
视 频：	视频\第 4 章\使用鼠标旋转对象.mp4	关键技术：	拖曳鼠标

STEP 01 选择绘图页面中需要进行旋转操作的图形对象，如图 4-17 所示。

STEP 02 在选择的图形对象上单击鼠标左键，将鼠标移至图形右上角的控制柄上，如图 4-18 所示。

图 4-19　选择图形对象

图 4-20　定位鼠标

STEP 03 单击鼠标左键并向左拖曳，如图 4-19 所示。

STEP 04 拖曳至合适的位置后释放鼠标，即可完成图形的旋转，并将图形移至适当的位置，效果如图 4-20 所示。

图 4-19   拖曳鼠标   图 4-20 旋转图形对象

2. 精确旋转对象

在属性栏、"变换"工具栏和"变换"泊坞窗中，都可指定对象的旋转角度，精确地对图形对象进行旋转。下面具体向读者介绍在"变换"泊坞窗中精确旋转对象的方法。

选择需要旋转的对象，单击"窗口"|"泊坞窗"|"变换"|"旋转"命令，打开"变换"泊坞窗，在"角度"数值框中输入 45，如图 4-21 所示，单击"应用"按钮，即可旋转选择的图形对象，如图 4-22 所示。

图 4-21   输入数值   图 4-22   旋转图形对象

4.2.1   倾斜对象

拖曳对象的倾斜控制柄是倾斜对象最容易的方法，也可在"变换"泊坞窗和变换工具栏中精确设置对象的倾斜角度。

1. 通过鼠标拖曳倾斜对象

使用鼠标拖曳的方法倾斜对象时，首先需双击要倾斜的对象，使其进入旋转状态。

通过鼠标拖曳倾斜对象的具体操作步骤如下：

	素　材：素材\第 4 章\书籍封面.cdr	效　果：效果\第 4 章\书籍封面.cdr
	视　频：视频第 4 章\通过鼠标拖曳倾斜对象.mp4	关键技术：拖曳鼠标

STEP 01 单击"文件"|"打开"命令，打开一幅素材图形文件，选择工具箱中的挑选工具，双击绘图页面中需要倾斜的对象，图形对象进入旋转状态，将鼠标移至图形右侧的控制柄上，如图 4-23 所示。

STEP 02 单击鼠标左键并向下拖曳，如图 4-24 所示。

图 4-23　定位鼠标

图 4-24　拖曳鼠标

STEP 03 至合适位置后释放鼠标左键，即可倾斜图形对象，效果如图 4-25 所示。

STEP 04 用与上同样的方法，倾斜其他的图形对象，效果如图 4-26 所示。

图 4-25　倾斜图形

图 4-26　倾斜其他图形

2. 精确倾斜对象

通过"变换"泊坞窗倾斜对象时，只需在该泊坞窗中设置相应的选项，再单击"应用到再制"或"应用"按钮即可。

精确倾斜对象的具体操作步骤如下：

	素　材：	素材\第 4 章\宣传单页.cdr	效　果：	效果\第 4 章\宣传单页.cdr
	视　频：	视频\第 4 章\精确倾斜对象.mp4	关键技术：	"倾斜"命令

STEP 01 单击"文件"|"打开"命令，打开一幅素材图形文件，如图 4-27 所示。

STEP 02 选择绘图页面中需要倾斜的图形对象，单击"排列"|"变换"|"倾斜"命令，弹出"转换"泊坞窗，在其中进行相应的设置，如图 4-28 所示。

STEP 03 单击"应用"按钮，即可按设置的参数倾斜图形对象，如图 4-29 所示。

STEP 04 用与上同样的方法，倾斜其他的图形对象，效果如图 4-30 所示。

图 4-27　打开图形文件

图 4-28　弹出"转换"泊坞窗

图 4-29　倾斜图形

图 4-30　倾斜其他的图形

专家提醒

在"转换"泊坞窗中，用户还可以通过设置锚点的位置，从而以锚点的位置为基准为对象应用倾斜效果。

4.2.2　镜像对象

使用镜像对象可以在水平或垂直方向上镜像对象，水平镜像对象会将对象沿水平方向翻转，垂直镜像则会将对象沿垂直方向翻转。

选择绘图页面中需要镜像的图形对象，如图 4-31 所示，单击工具属性栏中的"水平镜像"按钮，即可水平镜像选择的图形对象，如图 4-32 所示。

图 4-31　选择图形对象

图 4-32　水平镜像图形

实战范例——精确缩放对象

任何设计对象都可以进行缩放，当需要进行缩放时，可以通过拖曳控制柄来完成，也可以通过属性栏或者相应的泊坞窗来完成。

1. 通过拖曳鼠标缩放对象

通过拖曳鼠标缩放对象，即通过拖曳图形任意一角的控制柄对图形对象进行缩放。

通过拖曳鼠标缩放对象的具体操作步骤如下：

素　材：	素材\第 4 章\包装袋.cdr		效　果：	效果\第 4 章\包装袋.cdr
视　频：	视频\第 4 章\通过拖曳鼠标缩放对象.mp4		关键技术：	拖曳鼠标

STEP 01 单击"文件"|"打开"命令，打开一幅素材图片，运用挑选工具选择需要进行缩放的图形对象，将鼠标移至图形右上角的控制柄上，如图 4-33 所示。

STEP 02 单击鼠标左键并向左下角拖曳，如图 4-34 所示。

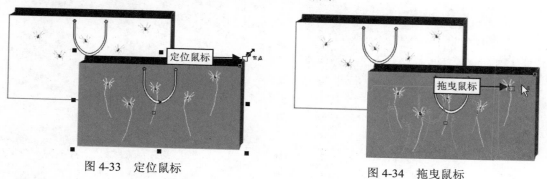

图 4-33　定位鼠标　　　　　　　　　　图 4-34　拖曳鼠标

STEP 03 至合适位置后释放鼠标，即可完成图形对象的缩放，效果如图 4-35 所示。

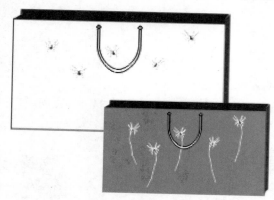

图 4-35　缩放图形对象

🔍 技巧点拨

通过拖曳控制柄缩放对象时，若同时按住【Shift】键，可以从对象中心调整所选对象的大小；若同时按住【Alt】键，可在调整对象大小时按固定点缩放对象。

2．通过属性栏缩放对象

通过在属性栏的"对象大小"数值框中输入数值，也可精确地缩放对象。

选择需要进行缩放的图形对象，如图 4-36 所示，然后在属性栏中的"对象大小"数值框中分别输入 120mm、70mm，按【Enter】键进行确认，即可完成图形对象的缩放，如图 4-37 所示。

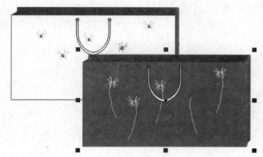

图 4-36　选择图形对象

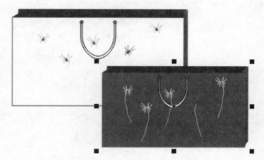

图 4-37　缩放图形对象

3．通过泊坞窗缩放对象

在"转换"泊坞窗中，通过指定百分比可以改变图形对象的缩放比例。

选择需要进行缩放的图形对象，单击"窗口"|"泊坞窗"|"变换"|"比例"命令，打开"转换"泊坞窗，在"水平"和"垂直"数值框中分别输入 70、90，如图 4-38 所示，单击"应用"按钮，即可按百分比缩放图形对象，如图 4-39 所示。

图 4-38　弹出"转换"泊坞窗

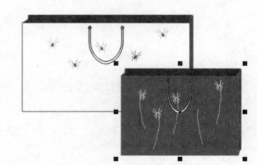

图 4-39　按百分比缩放图形

4.2.3　复制与再制对象

在绘制图形的过程中，有时需要绘制多个相同或者类似的图形，此时无须重新绘制，通过复制、再制等命令来复制原对象即可。

1．复制对象

复制对象的方法有多种，包括使用快捷键、执行菜单命令等，用户可以根据绘图时的需要灵活地运用各种复制对象的方法，从而达到事半功倍的效果。下面具体向读者介绍执行菜单命令复制对象的方法。

选择需要进行复制的图形，单击"编辑"|"复制"命令，复制选择的图形对象，如图 4-40 所示，然后单击"编辑"|"粘贴"命令，将复制的图形进行粘贴，并将粘贴后的图形移至合适的位置，如图 4-41 所示。

图 4-40　复制图形

图 4-41　粘贴图形

🔍 **技巧点拨**

> 　选择需要复制的图形对象后，依次按键盘上的【Ctrl＋C】组合键和【Ctrl＋V】组合键，也可复制并粘贴图形对象。

2．再制对象

再制对象可以在绘图页面中直接放置一个副本，而不使用剪贴板。再制的速度比复制和粘贴快，同时再制对象时可以沿着 X 轴和 Y 轴指定副本与原始对象之间的距离。

再制对象的具体操作步骤如下：

	素　　材：素材\第 4 章\化妆品.cdr	效　　果：效果\第 4 章\化妆品.cdr
	视　　频：视频\第 4 章\再制对象.mp4	关键技术："再制"命令

STEP 01 单击"文件"|"打开"命令，打开一幅素材图片，选择需要进行再制的图形，如图 4-42 所示。

STEP 02 单击"编辑"|"再制"命令，按默认值再制一个图形对象，如图 4-43 所示。

图 4-42　选择图形

图 4-43　再制图形对象

STEP 03 按【Esc】键取消图形的选择，并在属性面板的"再制距离"数值框中分别输入 20mm 和 10mm，选择第 1 个再制的图形，按【Ctrl＋D】组合键再次再制图形，如图 4-44 所示。

STEP 04 用与上同样的方法，连续按两次【Ctrl＋D】组合键，再制两个图形对象，效果如图 4-45 所示。

图 4-44 再制图形

图 4-45 再制两个图形

3．克隆对象

克隆对象与再制对象一样，可以将选择的对象直接克隆到绘图页面中，与再制命令不同的是，克隆所创建出来的新对象与原对象之间存在链接关系，在修改原对象时，仿制对象也会被修改。

克隆对象的具体操作步骤如下：

	素　材：	素材\第 4 章\卷纸.cdr	效　果：	效果\第 4 章\卷纸.cdr
	视　频：	视频\第 4 章\克隆对象.mp4	关键技术：	

STEP 01 选择需要克隆的图形对象，单击"编辑"|"克隆"命令，克隆选择的图形对象，如图 4-46 所示。

STEP 02 将克隆后的图形移至绘图页面的合适位置，如图 4-47 所示。

图 4-46 克隆图形对象

图 4-47 调整图形位置

STEP 03 选择工具箱中的形状工具，按住【Ctrl】键的同时，单击克隆图形的原图形，选择图形左上角的一个节点，单击鼠标左键并向左上角拖曳，如图 4-48 所示。

STEP 04 至合适位置后释放鼠标，原图形和克隆后的图形同时发生改变，效果如图 4-49 所示。

图 4-48　拖曳节点

图 4-49　变形图形

4．复制对象属性

通过复制对象属性，可以将复制源的轮廓笔、轮廓色以及填充颜色复制到选择的图形对象上。

复制对象属性的具体操作步骤如下：

素　　材：	素材\第 4 章\卷纸.cdr	效　　果：	效果\第 4 章\卷纸 01.cdr
视　　频：	视频\第 4 章\复制对象属性.mp4	关键技术：	"复制属性自"命令

STEP 01 在绘图页面中选择一个图形对象，如图 4-50 所示。

STEP 02 单击"编辑"|"复制属性自"命令，弹出"复制属性"对话框，依次选中"轮廓笔"、"轮廓色"和"填充"复选框，如图 4-51 所示。

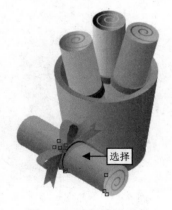

图 4-50　选择图形对象

图 4-51　选中相应复选框

STEP 03 单击"确定"按钮，鼠标指针呈黑色箭头状，将鼠标移至需要复制属性的图形对象上，如图 4-52 所示。

STEP 04 单击鼠标左键，即可将该图形的相应属性复制到选择的图形对象上，效果如图 4-53 所示。

图 4-52 定位鼠标

图 4-53 复制对象属性

4.2.4 选择性粘贴对象

通常，放置在剪贴板中的对象不止一个，这些对象的类型也可能不尽相同，如可能是矢量图、段落文本或位图等。粘贴操作不能改变对象的类型，若在剪贴板的是位图，那么粘贴后的还是位图。也就是说，剪贴板中是什么类型的对象，粘贴后还是什么类型的对象。若用户希望只粘贴某种类型的对象，如位图或矢量图对象，则可以通过选择性粘贴来实现。

4.2.5 运用属性栏调整对象

通过在属性栏的"对象大小"数值框中输入数值，也可精确地缩放对象。

选择需要进行缩放的图形对象，如图 4-54 所示，然后在属性栏中的"对象大小"数值框中分别输入 120mm、70mm，按【Enter】键进行确认，即可完成图形对象的缩放，如图 4-55 所示。

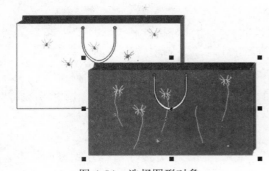

图 4-54 选择图形对象

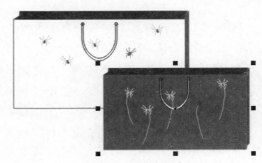

图 4-55 缩放图形对象

4.3 操作图形对象

在 CorelDRAW X5 中，用户经常会运用到对图形对象的操作方法，如使用刻刀工具门将对象分割为两个部分或更多部分；使用橡皮擦工具将所选对象的某一部分擦除，并将影响到的对象部分闭合；运用自由变换工具将对象进行旋转、镜像、调节和扭曲等，接下来分别对其操作选项进行介绍。

4.3.1 运用刻刀工具分割图形

使用刻刀工具 分割为两个不同的对象或是分割为两个子路径。当图形对象被分割后，该对象将转换为曲线对象。

选取工具箱的刻刀工具 ，在其属性栏中有"成为一个物体"按钮 和"自动闭合"按钮 。其中的"成为一个物体"按钮 的作用是将对象分割，但整体上还是一个图形；其中的"自动合闭"按钮，可以将一个封闭的图形分割为两个闭合的图形对象。

选取工具箱中的选择工具，在具属性栏上单击"成为一个物体"按钮 ，将鼠标放至于图形的一个节点上，按住鼠标左键并拖动，可以将图形分割。图 4-56 所示为分割图形并删除部分图形后的效果。

图 4-56　分割对象前后对比效果

4.3.2 运用橡皮工具擦除图形

使用擦除工具可以将对象分离为几个部分，这些分离的部分仍然作为同一个对象存在，它们将作为原来对象的路径，当图形工具使用擦除工具后，它们将转换为曲线对象。

选取工具箱中的擦除工具 ，在其属性栏中的"改变橡皮擦的厚度"微调框 2.1 mm 中，输入数值改变橡皮的厚度，单击"擦除时自动减少"按钮 ，可以在擦除时自动删除多余的节点，单击"橡皮的形状"按钮 ，可以设置橡皮擦工具为圆形或方形。

使用选择工具选择要擦除的闭合模板图形，选取工具箱中的橡皮擦工具，单击其属性栏中的"圆形/方形"按钮，当按钮呈圆形时，将光标放至对象上，按住鼠标左键来回拖动，即可擦除图形。图 4-57 所示为运用橡皮擦工具擦除对象，显示隐藏对象的效果。

专家提醒

　　运用橡皮擦工具擦除图像时，在图像的合适位置单击鼠标左键，再单击图像的另一位置，可以沿直线擦除图像；若按住【Shift】键的同时单击，则可以沿 15° 位移鼠标擦除图像；若是按住鼠标左键不放拖曳鼠标，则不规则地擦除图像。

图 4-57 擦除图像前后对比效果

4.3.3 删除对象

在 CorelDRAW X5 中，用户可以删除单个或多个多余的图形对象。

选择绘图页面中需要删除的图形对象，如图 4-58 所示，单击"编辑"|"删除"命令，即可将选择的图形对象删除，如图 4-59 所示。

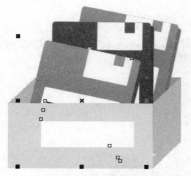

图 4-58 选择图形对象   图 4-59 删除图形对象

专家提醒

若要删除绘图页面中多余的对象，可以使用以下 3 种方法：

● **快捷键**：使用选择工具选择一个或者多个对象以后，按【Delete】键。

● **菜单命令**：单击"编辑"|"删除"命令，即可以删除对象。

● **快捷菜单**：在选择的对象上单击鼠标右键，在弹出的快捷菜单中，选取"删除"选项也可以删除对象。

4.3.4 自由变换对象

自由变换工具⊠的属性栏中包含 4 个工具按钮，分别为自由旋转工具⊙、自由镜像角度工具⊘、自由调节工具⊡和自由扭曲工具⊘，单击相应的工具按钮，可以对对象进行旋转、镜像、缩放和倾斜操作。

1. 自由旋转

自由旋转可以自由地控制对象的中心位置进行旋转操作。

使用选择工具，选择绘图页面中的手机图形对象，选取工具箱中的自由变换工具，在其属性栏中单击"自由旋转工具"按钮，将鼠标指针移至对象上，单击鼠标左键并拖动至合适大小，释放鼠标，即旋转对象，如图 4-60 所示。

图 4-60　旋转对象

2. 自由角度镜像

自由角度镜像工具与自由旋转工具类似，都可以对对象进行旋转操作，不同的是自由角度镜像工具是通过一条反射线对对象进行旋转。

使用选择工具，选择绘图页面中的手机图形对象，选取工具箱中的自由变换工具，在其属性栏中单击"自由角度镜像工具"按钮，将鼠标指针移至对象上，单击鼠标左键并拖动至合适大小，释放鼠标，即可沿角度镜像对象，如图 4-61 所示。

图 4-61　自由角度射效果

3. 自由调节

使用自由调节工具可以对对象进行任意的缩放操作，使对象呈现不同的放大和缩小效果。

使用选择工具，选择绘图页面中的"我的音乐，我做主"文本对象，选取工具箱中的自由变换工具，在其属性栏中单击"自由调节工具"按钮，将鼠标指针移至对象上，单击鼠标左键并拖曳至合适大小，释放鼠标，即可调节对象大小，如图 4-62 所示。

4. 自由扭曲

使用自由调节工具可以对对象进行任意的扭曲操作，使对象呈现不同的扭曲效果。

使用选择工具，选择绘图页面中的插画图形对象，选取工具箱中的自由变换工具，在其属性栏中单击"自由扭曲工具"按钮，将鼠标指针移至对象上，单击鼠标左键并拖曳至合适大小，释放鼠标，即可扭曲对象，如图 4-63 所示。

图 4-62 调节对象

图 4-63 扭曲对象

4.3.5 撤销与重做对象

运用 CorelDRAW X5 提供的撤销与重做功能，可以对已编辑的图形对象进行撤销与重做操作。

1．撤销对象

执行一次撤销操作，系统将自动回到上一步操作的状态，连续多次执行撤销操作，可以回到图形最初的状态。

在绘图页面中选择白色的正圆图形，单击调色板中的黄色色块，为正圆填充黄色，如图 4-64 所示，单击"编辑"|"撤销填充"命令，即可撤销填充操作，回到图形的原始状态，如图 4-65 所示。

图 4-64 为正圆填充黄色   图 4-65 撤销对象

撤销操作的方法有以下 3 种：

● **快捷键**：按【Ctrl + Z】组合键，即可撤销操作。

● **按钮**：单击标准工具栏中的"撤销"按钮⤴，撤销上一步操作。

● **选项**：单击"撤销"按钮右侧的下拉按钮，在弹出的列表框中选择要撤销操作的相应选项，即可撤销操作。

2．重做对象

对于已经撤销的操作，用户也可以将其重做，多次执行"重做"命令，可按反向顺序不限次数地重做执行过的上一步操作。

进行撤销操作后，绘图页面中的正圆图形回到起始状态，如图 4-66 所示，单击"编辑"|"重做填充"命令，即可为正圆图形重新进行填充，如图 4-67 所示。

图 4-66　正圆图形回到起始状态

图 4-67　重做填充

4.3.6　插入新对象

通过执行插入新对象操作，可以在绘图页面中插入各类应用程序的文件。

单击"编辑"|"插入新对象"命令，弹出"插入新对象"对话框，如图 4-68 所示，在该对话框中选中"新建"单选按钮，并在"对象类型"列表框中选择需要插入的对象类型，单击"确定"按钮，即可在绘图页面中插入该类型的对象，如图 4-69 所示。

图 4-68　弹出"插入新对象"对话框

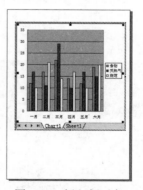

图 4-69　插入新对象

如果选中"插入新对象"对话框中的"由文件创建"单选按钮，单击"浏览"按钮，弹出"浏览"对话框，如图 4-70 所示，在该对话框选择一个文件，单击"打开"按钮返回到"插入新对象"的对话框，单击"确定"按钮，即可将选定的文件作为对象插入到绘图页面中。

图 4-70　弹出"浏览"对话框

4.3.7　插入因特网对象

　　单击"编辑"|"插入因特网"命令，弹出"插入因特网对象"子菜单，如图 4-71 所示，在该子菜单中选一种因特网对象，鼠标指针的右下角将会出现该对象的图标，移动鼠标指针到绘图页面的合适位置，鼠标指针呈 形状时，单击鼠标左键，即可完成插入操作，如图 4-72 所示。

图 4-71　弹出"插入因特网"子菜单

图 4-72　插入"弹出式菜单"按钮

实战范例——插入条码

　　条形码是运用光电扫描识读来实现数据自动输入计算机的特殊编码，也就是由一组规则矩形条及与其相对应的字符组成的标记。

　　插入条形码的具体操作步骤如下：

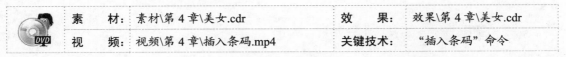

		素　材：素材\第 4 章\美女.cdr	效　果：效果\第 4 章\美女.cdr
		视　频：视频\第 4 章\插入条码.mp4	关键技术："插入条码"命令

STEP 01 单击"编辑"|"插入条码"命令，弹出"条码向导"对话框，如图 4-73 所示。

STEP 02 单击"下一步"按钮，在弹出的对话框中设置"打印机分辨率"和"条形码高度"分别为 300、1.0，如图 4-74 所示。

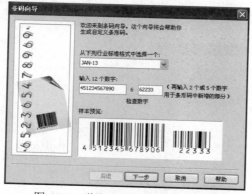

图 4-73 弹出"条码向导"对话框

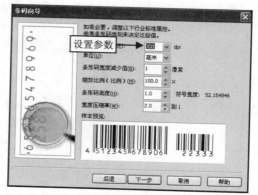

图 4-74 设置参数

STEP 03 单击"下一步"按钮，在弹出的"条码向导"对话框中单击"完成"按钮，如图 4-75 所示。

STEP 04 操作完成后，即可在绘图页面中插入一个条码，然后将插入的条码移至页面的合适位置，效果如图 4-76 所示。

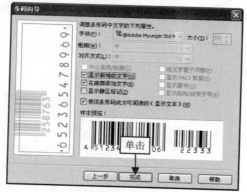

图 4-75 单击"完成"按钮

图 4-76 插入条码

4.4 调整对象位置

在设计平面作品时，无论是绘制的图形、输入的文本，还是导入的位图，几乎都需要调整位置。下面介绍使用鼠标、属性栏、方向键和"变换"泊坞窗调整对象位置的方法。

4.4.1 运用鼠标移动对象

选取工具箱中的选择工具，选择"开心果糕"文字对象，当被选定的对象周围除了出现 8 个控制柄之外，对象的中心还会出现 × 图标，将鼠标移到该标志上，呈 ✛ 形状时，按住鼠标左键并拖动，即可移动对象的位置，如图 4-77 所示。

图 4-77　移动对象

专家
提醒

对象在被移动的过程中，通常只显示对象的轮廓，而不显示具体的位置；若所移动的对象是导入的位图，则在被移动过程中显示为防控。单击鼠标左键移动对象的同时，若按住【Ctrl】键，可使对象沿垂直或水平移动。

4.4.2　运用属性栏移动对象

通过设置属性栏中的参数来移动对象，可以使对象精确地移动到某一个位置。

选择绘图页面中需要移动的图形对象，然后在属性栏中的 X 和 Y 数值框中分别输入 195、72，如图 4-78 所示，按【Enter】键进行确认，即可移动图形对象，如图 4-79 所示。

| x: | 195.0 mm | ⬌ | 157.92 mm | 100.0 | % |
| y: | 72.0 mm | ⬍ | 81.73 mm | 100.0 | % |

图 4-78　输入坐标值　　　　　　　　图 4-79　移动图形对象

4.4.3　运用方向键移动对象

选择图形对象后，通过按钮盘上的【↑】、【↓】、【←】、【→】键，也可移动图形对象。

选择需要移动的图形对象，如图 4-80 所示，然后按键盘上的向左键【←】和向上键【↑】，即可移动图形对象，如图 4-81 所示。

图 4-80　选择图形对象

图 4-81　移动图形对象

专家
提醒

在绘图页面的空白位置上，单击鼠标左键，在工具属性栏中的"微调偏移"数值框中，输入相应的数值，也可以设置其微调距离。

4.4.4　运用"转换"泊坞窗定位对象

运用"转换"泊坞窗也可以精确地定位图形对象。

选择需要移动的图形对象，单击"窗口"|"泊坞窗"|"变换"|"位置"命令，打开"转换"泊坞窗，在"水平"和"垂直"数值框中分别输入-1、1，如图 4-82 所示，单击"应用"按钮，即可完成图形的定位，如图 4-83 所示。

图 4-82　弹出"转换"泊坞窗

图 4-83　定位图形

实战范例——移动对象到另一页

在设计过程中的文件并非只有一个页面，可以将对象从一个页面移动到另一个页面。将对象移动到另一页的过程，起关键作用的是绘图窗口下方的页码标签。

	素　材：	素材\第 4 章\卡通.cdr	效　果：	效果\第 4 章\卡通.cdr
DVD	视　频：	视频\第 4 章\移动对象到另一页.mp4	关键技术：	拖曳鼠标

STEP 01 单击"文件"|"打开"命令，打开一幅素材图片，如图 4-84 所示。

STEP 02 使用选择工具选中卡通对象，拖曳到绘图窗口下方另一页的标签上，如图 4-85 所示。

图 4-84　打开素材文件

图 4-85　拖曳鼠标至页面 2 标签上

STEP 03 按住鼠标左键的同时，将图形拖曳至页面 2 上，如图 4-86 所示。

STEP 04 操作完成后，即可将对象移动至该页面中，效果如图 4-87 所示。

图 4-86　拖曳图形至页面 2 中

图 4-87　对象移动至页面 2 中的效果

专家提醒

　　移动一个对象到另一页的过程中，当拖动到页码标签上时，不能释放鼠标左键，只有拖回页面之后，才能释放鼠标左键，移动对象。移动一个对象到另一页的过程中，当将对象从页码标签拖回页面之后，若单击鼠标右键，就会在另一页复制对象，而原对象仍然在原来的页面上保持不变。

4.5　本章小结

　　本章主要介绍了 CorelDRAW X5 中调整与编辑图形对象的强大功能，其中向读者详细讲解了 6 种图形对象的选择方法，包括选择单一对象、选择多个对象、选择隐藏对象、泊坞窗选择对象和从群组中选择一个对象，另外还向读者介绍了编辑与操作图形对象以及调整对象位置的方法。通过对本章知识的学习，使用户能够熟练地掌握调整与编辑图形对象的方法和技巧，让用户在以后的实战中灵活地运用。

4.6 习题测试

一、填空题

（1）若需要选择隐藏在图形后方的图形对象，则可在按住_____键的同时，单击隐藏的图形对象即可。

（2）自由变换工具的属性栏中包含 4 个工具按钮，分别为_____、自由镜像角度工具、自由调节工具和_____。

（3）镜像分为_____镜像和_____镜像。

（4）选择了一个对象后，按住_____键的同时单击另一个对象的结构树目录，可以同时选择这两个对象以及两个对象之间的所有对象；按住【Ctrl】键的同时单击其他对象的结构树目录，则_____。

（5）绘图页面中的图形对象都可以使用_____来进行移动，同时还可以通过属性栏和_____等移动对象。

二、操作题

（1）运用学过的知识，为素材图片中的小车进行缩放，如图 4-88 所示。

图 4-88 为图形对象进行缩放的前后效果

（2）运用学过的知识，为该包装袋添加条形码，如图 4-89 所示。

图 4-89 为对象添加条形码的前后效果

第 **5** 章　组织与管理图形对象

CorelDRAW X5 提供了多种用于组织与管理对象的工具和命令，使用它们可以完成对齐、分布、群组以及合并对象等简单的组织与管理操作。合理地使用这些工具和命令，不仅可以为用户提供更多的设计操作空间，而且可以大大提高工作效率。通过本章的学习，用户可以自如地对绘图页面中的图形对象进行组织与管理。

- 调整图形对象
- 组合图形对象
- 组织图形对象
- 管理图形对象

5.1 调整图形对象

在绘制一个较为复杂的图形对象时，绘图页面中往往存在着许多对象，相互交错，难以看清。这时用户则需要将多个对象精确地齐，或者合理地排列每一个对象的位置，使其均匀分布。使用 CorelDRAW X5 提供的"对齐和分布"命令，可以方便且快捷地完成对象的对齐和分布操作。另外，用户还可以调整和反转多个对象的次序。

5.1.1 对齐对象

使用对齐命令可以将当前对象与指定位置、网格、页面中心、页边等对齐，还可以用文本的基线对齐、使用菜单命令和使用"对齐与分布"对话框对齐对象。对齐的结果取决于对象的次序或选择对象的顺序，处于最后面或最后选择的对象被称为目标对象。

1. 使用"对齐与分布"对话框

使用"对齐与分布"对话框可以快速地对对象进行上、下、左、中、右的对齐。

使用"对齐与分布"对话框对齐对象的具体操作步骤如下：

素　材：	素材\第 5 章\游泳圈.cdr	效　果：	效果\第 5 章\游泳圈.cdr
视　频：	视频\第 5 章\使用"对齐与分布"对话框.mp4	关键技术：	"对齐和分布"按钮

STEP 01 选取工具箱中的挑选工具，按住【Shift】键的同时，在绘图页面中从左至右依次选择 3 个图形对象，如图 5-1 所示。

STEP 02 单击工具属性栏中的"对齐和分布"按钮，弹出"对齐与分布"对话框，选中左侧的"中"复选框，如图 5-2 所示。

图 5-1　选择图形对象

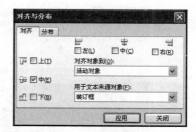

图 5-2　弹出"对齐与分布"对话框

STEP 03 依次单击"应用"和"关闭"按钮，即可将选择的图形对象在水平方向上居中对齐，效果如图 5-3 所示。

图 5-3　水平居中对齐

2．使用菜单命令

单击"排列"|"对齐和分布"命令，在弹出的子菜单中选择相应选项，即可对齐对象。

从左至右依次选择绘图页面中的 3 个图形对象，如图 5-4 所示，单击"排列"|"对齐和分布"|"右对齐"命令，即可将选择的图形对象右对齐，如图 5-5 所示。

图 5-4　选择 3 个图形对象

图 5-5　右对齐图形

3．以文本的基线对齐

对文本对象进行对齐时，不但可以使用装订框进行对齐，还可以以文字的基线进行对齐操作。

以文本为基线对齐对象的具体操作步骤如下：

素　　材：	素材\第 5 章\新年快乐.cdr	效　　果：	效果\第 5 章\新年快乐.cdr
视　　频：	视频\第 5 章\以文本的基线对齐.mp4	关键技术：	第一条线的基线"选项

STEP 01　双击工具箱中的挑选工具，选择绘图页面中的所有图形和文字，如图 5-6 所示。

STEP 02　单击工具属性栏中的"对齐和分布"按钮，弹出"对齐与分布"对话框，选中左侧的"上"复选框，并在"用于文本来源对象"列表框中选择"第一条线的基线"选项，如图 5-7 所示。

图 5-6　选择所有图形对象

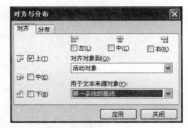

图 5-7　弹出"对齐与分布"对话框

STEP 03 依次单击"应用"和"关闭"按钮，即可将图形对象以文本的基线对齐，效果如图 5-8 所示。

图 5-8　对齐图形对象

 　在"对齐与分布"对话框中，若在"用于文本来源对象"列表框中选择"装订框"选项，则在对齐时是以对象的 4 个边缘为基准对齐对象。

4．对齐对象到页边

对齐对象到页边，即将选择的图形对象以页边为基准进行对齐。

对齐对象到页边的具体操作步骤如下：

素　　材：	素材\第 5 章\图钉.cdr	效　　果：	效果\第 5 章\图钉.cdr
视　　频：	视频\第 5 章\对齐对象到页边.mp4	关键技术：	"页边"选项

STEP 01 选择绘图页面中需要进行对齐的图形对象，如图 5-9 所示。

STEP 02 打开"对齐与分布"对话框，选中左侧的"上"复选框，在"对齐对象到"列表框中选择"页边"选项，如图 5-10 所示。

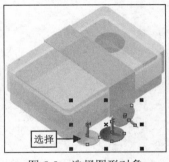

图 5-9　选择图形对象

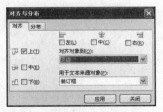

图 5-10　弹出"对齐与分布"对话框

STEP 03 依次单击"应用"和"关闭"按钮，即可对齐对象到页边，效果如图 5-11 所示。

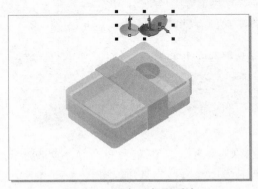

图 5-11　对齐对象到页边

专家提醒

对齐对象的参照点是由创建顺序或选择顺序决定的。若在对齐前是框选对象，则会以最后创建的对象为对齐参考点；若是逐个选择对象，则以最后选择的对象为其他对象的对齐参考点。

5．对齐对象到页面中心

对齐对象到页面中心，即将选择的图形对象以页面中心为基准进行对齐。

选择绘图页面中的图形对象，打开"对齐与分布"对话框，选中两个"中"复选框，并在"对齐对象到"列表框中选择"页面中心"选项，如图 5-12 所示，依次单击"应用"和"关闭"两个按钮，即可对齐对象到页面中心，如图 5-13 所示。

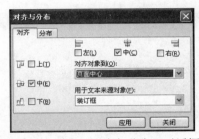

图 5-12　弹出"对齐与分布"对话框

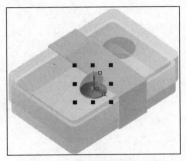

图 5-13　对齐对象到页面中心

将对象与页面中心对齐，还有以下 3 种对齐方式：

- 使用选择工具在绘图页面中框选要对齐的对象，单击"排列"|"对齐和分布"|"在页面居中"命令，即可将所选的对象全都与页面中心对齐。

- 若要使各对象沿水平轴与页面中心对齐，则单击"排列"|"对齐和分布"|"在页面水平居中"命令即可。

- 若要使各对象沿垂直轴与页面中心对齐，则单击"排列"|"对齐与分布"|"在页面垂直对齐"命令即可。

6．对齐对象到网格

对齐对象到网格，首先需要在绘图窗口中显示网格线。

对齐对象到网格的具体操作步骤如下：

	素　　材：	素材\第 5 章\图钉.cdr	效　　果：	效果\第 5 章\图钉 01.cdr
	视　　频：	视频\第 5 章\对齐对象到网格.mp4	关键技术：	"网格"选项

STEP 01 单击"视图"|"网格"命令，在绘图窗口中显示网格，选择需要对齐的图形对象，如图 5-14 所示。

STEP 02 打开"对齐与分布"对话框，选中左侧的"上"复选框和上方的"中"复选框，并在"对齐对象到"列表框中选择"网格"选项，如图 5-15 所示。

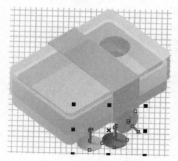

图 5-14　显示网格

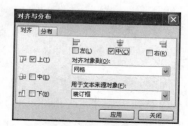

图 5-15　弹出"对齐与分布"对话框

STEP 03 单击"应用"和"关闭"按钮，即可对齐对象到网格，效果如图 5-16 所示。

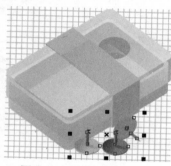

图 5-16　对齐对象到网格

7．对齐对象到指定位置

在"对齐与分布"对话框中进行相应的设置后，单击"应用"按钮，即可根据需要指定图形对象的对齐点。

选择绘图页面中的图钉图形，打开"对齐与分布"对话框，选中左侧的"上"复选框和上方的"左"复选框，并在"对齐对象到"列表框中选择"指定点"选项，如图 5-17 所示，单击"应用"按钮，将鼠标移动至绘图页面，鼠标指针呈十字形，如图 5-18 所示。

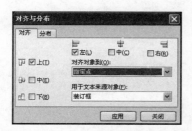

图 5-17　弹出"对齐与分布"对话框

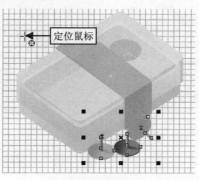

图 5-18　定位鼠标

在合适位置单击鼠标左键，然后单击"对齐与分布"对话框中的"关闭"按钮，即可对齐对象到指定位置，如图 5-19 所示。

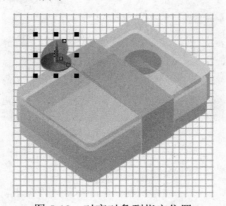

图 5-19　对齐对象到指定位置

实战范例——分布对象

在 CorelDRAW X5 中，分布对象可以使选定的对象按相等的距离进行排列，以满足特定的绘图需要。在分布对象时，对象的中心点或特定的边界将按相等的间隔分开，或者保持各对象之间的距离相等，而且当指定了如何分布对象后，还可以选择对象分布的区域。

分布对象的具体操作步骤如下：

	素　　材：	素材\第 5 章\钻石.cdr	效　　果：	效果\第 5 章\钻石.cdr
	视　　频：	视频\第 5 章\分布对象.mp4	关键技术：	"分布"选项卡

STEP 01 单击"文件"|"打开"命令，打开一幅素材图片，在绘图页面中选择需要进行分布的所有文本对象，如图 5-20 所示。

STEP 02 打开"对齐与分布"对话框，单击"分布"选项卡，选中左侧的"上"复选框和上方的"中"复选框，如图 5-21 所示。

图 5-20 选择所有文本对象

图 5-21 选中相应的复选框

STEP 03 依次单击"应用"和"关闭"按钮，即可将选择的文本对象进行分布，效果如图 5-22 所示。

图 5-22 分布对象

专家
提醒

在"对齐与分布"对话框的"分布"选项卡中，各主要选项的含义如下：

- 左：对象将以左边界为基点水平分布。
- 中：对象将以中点为基点水平分布。
- 间距：对象将以相同的间距水平分布。
- 右：对象将以上右边界为基点垂直分布。
- 上：对象将以上边界为基点垂直分布。
- 中：对象将以中点为基点垂直分布。
- 间距：对象将以相同的间距垂直分布。
- 下：对象将以下边界为基点垂直分布。
- 选定的范围：可以在选择的范围内分布对象。
- 页面的范围：可以在绘图页面内分布对象。

实战演练——调整多个对象的顺序

对象的排列顺序直接影响着图形的外观，用户可以根据需要改变图形的排列顺序。一般情况下，对象的顺序是由绘制顺序决定的，当用户绘制第一个对象时，CorelDRAW 会自动把它放置在最底层，以此类推，用户绘制的最后一个对象则放置在最顶层。

调整多个对象顺序的具体操作步骤如下：

素　材：	素材\第 5 章\礼品.cdr	效　果：	效果\第 5 章\礼品.cdr
视　频：	视频\第 5 章\调整多个对象的顺序.mp4	关键技术：	"置于此对象后"选项

STEP 01 单击"文件"|"打开"命令，打开一幅素材图形文件，如图 5-23 所示。

STEP 02 运用挑选工具选择绘图页面中的礼品图形，单击鼠标右键，在弹出的快捷菜单中选择"顺序"|"置于此对象后"选项，鼠标指针呈黑色的箭头形状，将其移至白色的小圆点上，如图 5-24 所示。

图 5-23　打开图形文件　　　　　　　　图 5-24　定位鼠标

STEP 03 单击鼠标左键，即可将选择的礼品对象置于白色圆点后，如图 5-25 所示。

STEP 04 用与上同样的方法，调整绘图页面中其他对象的排列顺序，效果如图 5-26 所示。

图 5-25　调整图形排列顺序　　　　　　图 5-26　调整其他对象的排列顺序

专家提醒

在"排列"|"顺序"命令的子菜单中，各命令含义如下：

- 到页面前面：单击该命令，可以将选择的对象居于页面中对象的最前面。
- 到页面后面：单击该命令，可以使选择的对象居于页面中对象的最后面。
- 到图层前面：单击该命令，可以使选择的对象居于该图层中对象的最前面。
- 到图层后面：单击该命令，可以使选择的对象居于该图层中对象的最后面。
- 向前一层：单击该命令，可以使选择的对象在排序上向前移动一位。
- 向后一层：单击该命令，可以使选择的对象在排序上向后移动一位。
- 置于此对象前：单击该命令，可以使选择的对象在指定对象的前面。
- 置于此对象后：单击该命令，可以使选择的对象在指定对象的后面。

5.1.2 反转多个对象的次序

CorelDRAW 中除了有序地排列对象之外，运用"逆序"命令，可以将对象按照相反的顺序排列。

使用选择工具框选多个圆环对象，单击"排列"|"顺序"|"逆序"命令，可以将所选的对象以相反顺序排列，如图 5-27 所示。

图 5-27　反转多个对象的次序

专家提醒

在执行"反转顺序"命令时，需要选择两个或多个对象，该命令才会被激活。执行该命令，可以调整两个或多个对象的顺序，产生反转倒序的效果。

5.2　组合图形对象

为了方便操作，可以将多个对象群组为一个对象。群组是将多个对象组合在一起，但组合后并不改变各个对象的属性，操作完成后还可以将其拆分成独立的对象。将对象嵌入到群组中，从合并对象中提取子路径，还可以将对象添加到群组中以及从群组中移除对象。

实战范例——群组对象

　　若图层中的图形对象过多，对图形对象的选择和调整操作就会变得非常复杂，这时用户可以将多个图形对象群组，这样就可以对一组对象一起进行移动、缩放和填充等操作。

　　群组对象的具体操作步骤如下：

	素　材：	素材\第 5 章\激爽 e 夏.cdr	效　果：	效果\第 5 章\激爽 e 夏.cdr
	视　频：	视频\第 5 章\群组对象.mp4	关键技术：	"群组"选项

STEP 01 单击"文件"|"打开"命令，打开一幅素材图形文件，如图 5-28 所示。

STEP 02 运用挑选工具选择绘图页右下角的所有对象，单击鼠标右键，在弹出的快捷菜单中选择"群组"选项，如图 5-29 所示。

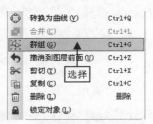

　　图 5-28　打开图形文件　　　　　　　　　　图 5-29　选择"群组"选项

STEP 03 即可将所选择的对象进行群组，如图 5-30 所示。

STEP 04 将群组后的图形对象移至舞台的合适位置，效果如图 5-31 所示。

　　图 5-30　群组对象　　　　　　　　　　　　图 5-31　调整对象位置

专家提醒　　选择需要群组的图形对象后，单击"排列"|"群组"命令，或按【Ctrl＋G】组合键，也可群组选择的对象。

实战范例——取消群组

　　若用户需要对群组中的对象进行再编辑，可先将对象取消群组。

　　取消群组的具体操作步骤如下：

	素　　材：	素材\第 5 章\2 周年庆.cdr	效　　果：	效果\第 5 章\2 周年庆.cdr
	视　　频：	视频\第 5 章\取消群组.mp4	关键技术：	"取消群组"选项

STEP 01 单击"文件"|"打开"命令，打开一幅素材图形文件，运用挑选工具选择绘图页面中需要取消群组的对象，如图 5-32 所示。

STEP 02 在该对象上单击鼠标右键，在弹出的快捷菜单中选择"取消群组"选项，如图 5-33 所示。

图 5-32　选择群组对象　　　　　　　　　　图 5-33　选择"取消群组"选项

STEP 03 即可将选择的群组对象取消群组，如图 5-34 所示。

STEP 04 最后运用挑选工具将取消群组后的相应图形调整至合适位置，效果如图 5-35 所示。

图 5-34　取消群组　　　　　　　　　　　　图 5-35　调整图形位置

技巧点拨

取消群组的方法有以下 3 种：

- 命令：运用挑选工具选择群组对象，单击"排列"|"取消群组"命令。
- 按钮：选择群组对象后，单击工具属性栏中的"取消群组"按钮。
- 快捷键：选择群组对象，按【Ctrl + U】组合键，即可取消群组。

实战范例——将对象嵌入到群组中

将图形对象嵌入到群组中，可以通过"对象管理器"泊坞窗来实现。

将对象嵌入到群组中的具体操作步骤如下：

	素　　材：	素材\第 5 章\果子.cdr	效　　果：	效果\第 5 章\果子.cdr
	视　　频：	视频\第 5 章\将对象嵌入到群组中.mp4	关键技术：	"对象管理器"命令

STEP 01　单击"文件"|"打开"命令，打开一幅素材图片，在绘图页面中选择需要嵌入到群组中的图形对象，如图 5-36 所示。

STEP 02　单击"窗口"|"泊坞窗"|"对象管理器"命令，打开"对象管理器"泊坞窗，选择图形所在图层呈蓝色，如图 5-37 所示。

图 5-36　选择图形对象

图 5-37　打开"对象管理器"泊坞窗

STEP 03　将鼠标移至蓝色的图层上，单击鼠标左键并将其拖曳至"49 对象群组"图层上，鼠标指针呈箭头形状，如图 5-38 所示。

STEP 04　释放鼠标左键后，"49 对象群组"图层变为"50 对象群组"图层，如图 5-39 所示。

图 5-38　拖曳图层

图 5-39　更改图层

STEP 05　操作完成后，在绘图页面中即可将选择的图形嵌入到群组的对象中，效果如图 5-40 所示。

图 5-40　嵌入图形对象

从合并对象中提取子路径

合并后的图形对象是曲线图形，有路径，用户可以很方便地从合并对象中将子路径提取出来。

在绘图页面中选择合并了的图形对象，运用工具箱中的形状工具，在图形上选择一个节点，如图 5-41 所示，单击工具属性栏中的"提取子路径"按钮 ⬚，即可在合并的图形对象中提取子路径，如图 5-42 所示。

图 5-41　选择节点

图 5-42　提取子路径

专家提醒

从合并路径中提取出子路径后，运用工具箱中的形状工具，用户可方便地对子路径的形状进行调整。

实战范例——从群组中移除对象

用户可以将群组中的对象移除，使对象从群组中分离出来，成为单独的对象。

将对象从群组中移除的具体操作步骤如下：

素　　材：	素材\第 5 章\2 周年庆 01.cdr	效　　果：	效果\第 5 章\2 周年庆 01.cdr
视　　频：	视频\第 5 章\从群组中移除对象.mp4	关键技术：	"对象管理器"命令

STEP 01 单击"文件"|"打开"命令，打开一幅素材图形文件，运用挑选工具选择绘图页面中群组的对象，如图 5-43 所示。

STEP 02 单击"窗口"|"泊坞窗"|"对象管理器"命令，弹出"对象管理器"泊坞窗，在该泊坞窗中单击群组名称前的 ⊞ 按钮，展开组合内的对象，选择要移除的对象，单击鼠标左键并向群组外拖曳，如图 5-44 所示。

图 5-43　打开图形文件

图 5-44　拖曳对象

STEP **03** 拖曳至群组外后，释放鼠标左键，即可将该对象从群组中移除，如图 5-45 所示。

STEP **04** 选择移出群组中的对象，将其调整至绘图页面的合适位置，效果如图 5-46 所示。

图 5-45　将对象从群组中移除

图 5-46　调整对象位置

🔍 **技巧点拨**

在"对象管理器"泊坞窗中选择需要删除的图形对象，然后单击泊坞窗右下角的"删除"按钮，或按键盘上的【Delete】键，可以将选择的对象删除。

实战范例——将对象添加到群组中

使用"对象管理器"泊坞窗，可以将对象添加到群组中。

将对象添加到群组中的具体操作步骤如下：

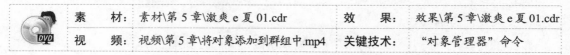

	素　材：	素材\第 5 章\激爽 e 夏 01.cdr	效　果：	效果\第 5 章\激爽 e 夏 01.cdr
	视　频：	视频\第 5 章\将对象添加到群组中.mp4	关键技术：	"对象管理器"命令

STEP **01** 单击"文件"|"打开"命令，打开一幅素材图形文件，单击"窗口"|"泊坞窗"|"对象管理器"命令，弹出"对象管理器"泊坞窗，如图 5-47 所示。

STEP **02** 在"对象管理器"泊坞窗中，将要添加至群组中的对象拖到组合名称上，如图 5-48 所示。

图 5-47　弹出"对象管理器"泊坞窗

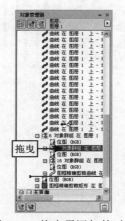

图 5-48　拖曳需添加的对象

STEP **03** 释放鼠标左键，即可将对象添加到群组中，如图 5-49 所示。

STEP **04** 运用挑选工具将整个群组对象调整至绘图页面的合适位置，效果如图 5-50 所示。

图 5-49　将对象添加到群组中

图 5-50　调整对象位置

5.3　组织图形对象

为了帮助用户修整对象的造型，CorelDRAW X5 中提供了焊接、修剪、相交、简化、移除后面对象和移除前面对象等一系列工具，这些工具可以很方便地将多个相互重叠的图形对象创建成一个新的图形对象，但这些工具只适用于使用绘图工具绘制的图形对象。

5.3.1　焊接对象

焊接是将几个图形结合成一个图形，新的图形轮廓由被焊接的图形边界组成，被焊接图形的交叉线都将消失。

单击"文件"|"打开"命令，打开一幅素材图形文件，如图 5-51 所示，运用挑选工具依次选择绘图页面中的橘色和白色图形对象，单击工具属性栏中的"焊接"按钮 🔲，即可将所选图形对象焊接在一起，如图 5-52 所示。

图 5-51　打开图形文件

图 5-52　焊接对象

专家提醒　　使用选择工具选择两个或者两个以上的图形对象，然后单击"排列"|"修整"|"焊接"命令，同样也可以实现图形对象的焊接。

实战范例——修剪对象

修剪是将目标对象与来源对象的相交部分裁掉，使目标对象的形状被更改，修剪后的目标对象保留其填充和轮廓属性。

修剪对象的具体操作步骤如下：

	素 材：	素材\第 5 章\美食大比拼.cdr	效 果：	效果\第 5 章\美食大比拼.cdr
	视 频：	视频\第 5 章\修剪对象.mp4	关键技术：	"修剪"按钮

STEP 01 单击"文件"|"打开"命令，打开一幅素材图形文件，运用挑选工具依次选择绘图页面中的粉色和蓝色圆角矩形，如图 5-53 所示。

STEP 02 单击工具属性栏中的"修剪"按钮，即可将选择的图形对象进行修剪，如图 5-54 所示。

图 5-53 选择图形对象

图 5-54 修剪对象

STEP 03 运用挑选工具将修剪后的图形移至绘图页面的合适位置，如图 5-55 所示。

STEP 04 用与上同样的方法，修剪绘图页面中的其他图形对象，并调整其位置，效果如图 5-56 所示。

图 5-55 调整图形位置

图 5-56 修剪其他的图形对象

专家提醒

用户可以修剪复制的对象、不同图层上的对象以及带有交叉区域的单个对象，但是不能修剪段落文本、尺度线或克隆的主对象。

实战范例——相交对象

相交是将两个或两个以上对象的相交部分保留，使相交的部分成为一个新的图形对象。

新创建图形对象的填充和轮廓属性将与目标对象相同。

相交对象的具体操作步骤如下：

	素　材：	素材\第 5 章\绿叶.cdr	效　果：	效果\第 5 章\绿叶.cdr
	视　频：	视频\第 5 章\相交对象.mp4	关键技术：	"相交"按钮

STEP 01 单击"文件"|"打开"命令，打开一幅素材图形文件，运用挑选工具依次选择绿色树叶和橘色的字母 b，如图 5-57 所示。

STEP 02 单击工具属性栏中的"相交"按钮，即可将选择的对象进行相交处理，如图 5-58 所示。

图 5-57　打开图形文件

图 5-58　相交对象

STEP 03 将相交后生成的新图形调整至合适大小和位置，如图 5-59 所示。

STEP 04 用与上同样的方法，将绘图页面中的其他图形进行相交处理，并调整其位置与大小，效果如图 5-60 所示。

图 5-59　调整大小和位置

图 5-60　相交其他图形对象

专家提醒　　使用选择工具选择两个或者两个以上的图形对象，然后单击"排列"|"修整"|"相交"命令，同样也可以实现相交命令。

实战范例——简化对象

简化是减去后面图形和前面图形的重叠部分，并保留前面图形和后面图形的状态。

简化对象的具体操作步骤如下：

素　　　材：	素材\第 5 章\五彩动画.cdr	效　　　果：	效果\第 5 章\五彩动画.cdr
视　　　频：	视频\第 5 章\简化对象.mp4	关键技术：	"简化"按钮

STEP 01 单击"文件"|"打开"命令，打开一幅素材图形文件，如图 5-61 所示。

STEP 02 运用挑选工具选择绘图页面中的白色和绿色正圆图形，单击工具属性栏中的"简化"按钮，并将简化后的图形移至合适位置，如图 5-62 所示。

图 5-61　打开图形文件

图 5-62　简化图形对象

STEP 03 用与上同样的方法，将绘图页面中的绿色和黄色正圆进行简化，并调整至合适位置，效果如图 5-63 所示。

图 5-63　简化其他的图形对象

5.3.2　移除后面对象

移除后面对象可以减去后面的图形对象以及前、后图形对象的重叠部分，只保留前面图形对象剩下的部分。

打开一幅素材图形，在绘图页面中选择正圆和五角形两个图形对象，如图 5-64 所示，单击工具属性栏中的"移除后面对象"按钮 ，即可将后面的对象以及前、后对象的重叠部分删除，如图 5-65 所示。

图 5-64　选择两个图形对象

图 5-65　移除后面的对象

实战范例——移除前面对象

移除前面对象可以减去前面的图形对象以及前、后图形对象的重叠部分，只保留后面图形对象剩下的部分。

打开一幅素材图片，选择正圆和五角星两个图形对象，如图 5-66 所示，然后单击工具属性栏中的"移除前面对象"按钮，即可将前面的图形对象以及前、后图形对象的重叠部分删除，如图 5-67 所示。

图 5-66　选择图形对象

图 5-67　移除前面对象

实战范例——"造型"泊坞窗

通过"修整"泊坞窗也可以对图形对象进行焊接、修剪、相交、简化、移除后面对象以及移除前面对象等操作。

"修整"泊坞窗的具体操作步骤如下：

	素　材：	素材\第 5 章\美人图.jpg	效　果：	效果\第 5 章\美人图.cdr
DVD	视　频：	视频\第 5 章\"造型"泊坞窗.mp4	关键技术：	"造型"命令

STEP 01 单击"文件"|"导入"命令，导入一幅人物插画图像，如图 5-68 所示。

STEP 02 选取工具箱中的图纸工具，在图像的上方绘制 4×4 的图纸网格，如图 5-69 所示。

图 5-68　导入人物插画图像

图 5-69　绘制网格

STEP 03 选取工具箱中的轮廓画笔对话框工具，弹出"轮廓笔"对话框，如图 5-70 所示。

STEP 04 在该对话框中的"颜色"下拉列表中选择"白色"（CMYK 参考值均为 0），在"宽度"下拉列表中选择 1.0 选项，单击"确定"按钮，设置图纸轮廓线的属性，如图 5-71 所示。

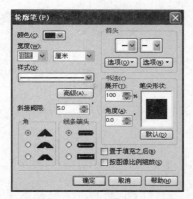

图 5-70　弹出"轮廓笔"对话框

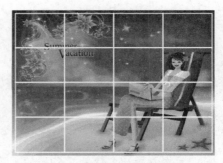

图 5-71　设置图纸形状轮廓属性

STEP 05 选取工具箱中的椭圆工具，在绘图页面的合适位置按住【Shift】键的同时，绘制正圆，并按照步骤（4）的操作方法设置其轮廓属性，效果如图 5-72 所示。

STEP 06 单击"窗口"|"泊坞窗"|"造型"命令，弹出"造型"泊坞窗，如图 5-73 所示。

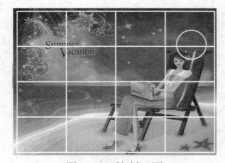

图 5-72　绘制正圆

图 5-73　弹出"造型"泊坞窗

STEP 07 使用选择工具选择正圆图形，在"造型"对话框中选择"修剪"选项，在"保留对象"选项区中选中"来源对象"复选框，单击"修剪"按钮，此时鼠标指针呈 ▶◨ 形状时，单击要修剪的图纸目标对象，即可修剪图形，并保留来源对象，如图 5-74 所示。

STEP 08 参照步骤（5）～（8）的操作方法，运用椭圆工具绘制正圆，并进行修剪操作，效果如图 5-75 所示。

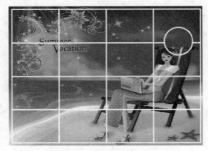

图 5-74　修剪图形

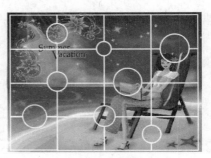

图 5-75　图形效果

5.4　管理图形对象

使用结合功能可以将选中的多个对象合并为一个曲线对象，删除所选对象的重叠部分，保留不重叠的部分。结合在一起的对象具有同一种属性（包括颜色、轮廓和填充等），若要修改单个结合对象的属性，需要先将结合对象拆分。另外，若用户不需要对某个对象进行操作，可以将该对象进行锁定操作，当需要再对其进行编辑时，即可解除锁定。

5.4.1　结合对象

合并对象就是将多个对象组合在一起，类似于群组操作，但是经过合并的图形对象将失去独立性。

1．通过命令合并对象

选择需要进行合并的图形对象，然后在菜单栏中单击相应的菜单命令，就可以轻易地将图形对象进行合并。

在绘图页面中选择两个需要合并的矩形对象，如图 5-76 所示，然后单击"排列"|"结合"命令，即可将选择的两个矩形进行合并，如图 5-77 所示。

图 5-76　选择矩形对象

图 5-77　合并图形对象

2. 通过快捷菜单合并对象

通过快捷菜单合并对象，只需在选择的图形对象上方单击鼠标右键，在弹出的快捷菜单中选择相应的合并选项即可。

在绘图页面中选择需要进行合并的图形对象，如图 5-78 所示，在选择的图形上方单击鼠标右键，弹出快捷菜单，选择"合并"选项，如图 5-79 所示。

图 5-78 选择图形对象

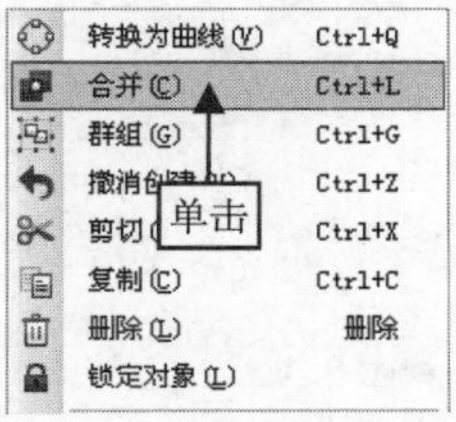

图 5-79 选择"合并"选项

即可将选择的两个图形对象进行合并，如图 5-80 所示。

图 5-80 合并图形对象

3. 通过按钮合并对象

在绘图页面中选择两个或多个图形对象后，在工具属性栏中会显示一个"结合"按钮，单击该按钮，可将选择的图形对象合并。

选择需要合并的图形对象，如图 5-81 所示，单击工具属性栏中的"结合"按钮，即可将选择的图形对象进行合并，如图 5-82 所示。

图 5-81 选择图形对象

图 5-82 合并图形对象

技巧点拨

> 除上述方法外，选择需要合并的图形对象后，按键盘上的【Ctrl＋L】组合键，也可以将图形对象合并。

5.4.2 拆分对象

拆分对象的作用与结合恰好相反，拆分主要用来将结合在一起的对象拆开。若结合对象后改变了对象原有的属性，则在拆分对象后，将不能恢复对象原来的属性。

单击"文件"|"打开"命令，打开一幅素材图形文件，选择结合的图形对象，单击"排列"|"拆分曲线"命令，如图 5-83 所示，即可将所选的结合对象进行拆分，如图 5-84 所示。

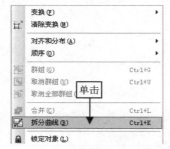

图 5-83　单击"拆分曲线"命令

图 5-84　拆分对象

技巧点拨

> 拆分结合对象还有以下 3 种方法：
> - 按钮：选择需要拆分的对象，单击工具属性栏中的"打散"按钮，可拆分对象。
> - 快捷键：选择结合后的对象，按【Ctrl＋K】组合键，即可拆分对象。
> - 快捷菜单：选择要拆分的对象，单击鼠标右键，在弹出的快捷菜单中选择"打散曲线"选项，可拆分结合的对象。

实战范例——锁定与解锁对象

在 CorelDRAW X5 中，通过锁定对象可以固定对象，当用户需要再对其进行编辑时，可以先解除对象的锁定状态。

1. 锁定对象

用户既可以锁定单个对象，也可锁定多个对象或群组后的对象，以防止对象被意外修改和移动。

锁定对象的具体操作步骤如下：

	素　材：	素材\第 5 章\店庆广告.cdr	效　果：	无
	视　频：	视频\第 5 章\锁定对象.mp4	关键技术：	"锁定对象"选项

STEP 01 在绘图页面中选择所有的文本对象，如图 5-85 所示。

STEP 02 然后在选择的文本上方单击鼠标右键，弹出快捷菜单，选择"锁定对象"选项，如图 5-86 所示。

图 5-85　选择文本对象

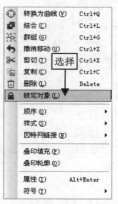

图 5-86　选择"锁定对象"选项

STEP 03 即可将绘图页面中选择的文本对象全部锁定，效果如图 5-87 所示。

图 5-87　锁定对象

🔍 **技巧点拨**

选择需要锁定的图形对象后，单击"排列"|"锁定对象"命令，也可将选择的图形对象锁定。

2. 解锁对象

当用户需要对已经锁定的对象进行编辑时，要先对其进行解除锁定操作。

解锁对象的具体操作步骤如下：

	素　　材：	素材\第 5 章\店庆广告 01.cdr	效　　果：	无
	视　　频：	视频\第 5 章\解锁对象.mp4	关键技术：	"解除锁定对象"选项

STEP 01 在绘图页面中选择需要解锁的图形对象，如图 5-88 所示。

STEP 02 然后单击鼠标右键，在弹出的快捷菜单中选择"解除锁定对象"选项，如图 5-89 所示。

图 5-88 选择图形对象

图 5-89 选择"解除锁定对象"选项

STEP 03 操作完成后，即可将选择的图形对象解除锁定，效果如图 5-90 所示。

图 5-90 解除锁定

🔍 **技巧点拨**

若要将绘图页面中的多个锁定对象同时解除锁定，可以单击"排列"|"解除全部锁定"命令，解除所有对象的锁定状态。

实战范例——分离对象轮廓

在 CorelDRAW X5 中，用户可以将绘制图形的填充区域与轮廓线分离，使它们成为独立的对象，以对其进行单独编辑。

分离对象轮廓的具体操作步骤如下：

	素 材：	素材\第 5 章\纤维生活馆.cdr	效 果：	效果\第 5 章\纤维生活馆.cdr
	视 频：	视频\第 5 章\分离对象轮廓.mp4	关键技术：	"将轮廓转换为对象"命令

STEP 01 在绘图页面中选择需要分离轮廓的所有正圆图形，如图 5-91 所示。

STEP 02 单击"排列"|"将轮廓转换为对象"命令，如图 5-92 所示。

图 5-91　选择图形对象

图 5-92　单击相应的命令

STEP 03 即可将所有正圆图形的轮廓进行分离，按键盘上的【→】和【↓】键，调整轮廓的位置，效果如图 5-93 所示。

图 5-93　分离轮廓并调整轮廓位置

5.5　本章小结

　　组织与管理图形对象包括 4 个大的方面，分别为调整图形对象、组合图形对象、组织图形对象和管理图形对象。本章主要向读者详细介绍了对齐与分布对象、调整与反转多个对象、将对象嵌入到群组中、焊接对象、结合与拆分对象以及锁定与解锁对象等管理图形对象的方法。通过本章的学习，用户可以自如地对绘图页面中的图形对象进行组织与管理操作。

5.6　习题测试

一、填空题

（1）通过按键盘上的＿＿＿＿＿＿组合键，可以将选择的多个图形对象进行群组。

（2）通过_____泊坞窗也可以对图形对象进行_____、修剪、_____、简化、移除后面对象以及移除前面对象等操作。

（3）对象的排列顺序直接影响着图形的外观，用户可以根据需要改变图形的排列顺序。一般情况下，对象的顺序是由_____决定的。

（4）在执行"反转顺序"命令时，需要选择_____，该命令才会被激活。

（5）从合并路径中提取出子路径后，运用工具箱中的_____工具，用户可方便地对子路径的形状进行调整。

二、操作题

（1）运用所学的知识，将图形对象按照相反的顺序进行排列，如图 5-94 所示。

图 5-94 相反顺序排列图形后的前后效果

（2）运用所学知识，对图形中的两个正圆图形对象进行修剪，如图 5-95 所示。

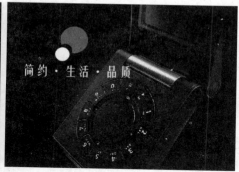

图 5-95 修剪图形的前后效果

第 **6** 章　编辑图形轮廓与填充

图形主要是由轮廓和填充部分组成的，CorelDRAW X5 提供了丰富的轮廓和填充设置，充分运用这些设置，可以制作出各种特殊效果。平面设计离不开色彩，因此在绘制图形时需要对其进行颜色填充，以颜色来增强作品的视觉效果。本章主要向读者介绍轮廓的编辑以及颜色填充的方法。

本　章　重　点

- 选取颜色
- 使用调色板
- 设置轮廓属性

- 单色与渐变填充
- 图案与底纹填充

实　例　效　果　欣　赏

视　频　演　示

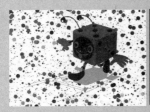  

6.1 选取颜色

用户在对图形对象进行填充时，首先需要选取颜色，在 CorelDRAW X5 中，用户可以使用调色板、吸管工具、"标准填充"对话框以及"颜色"泊坞窗等选取颜色。

运用吸管工具选取颜色

运用吸管工具可以吸取窗口中任何对象的颜色，还可以采集多个点的混合色。

选取工具箱中的吸管工具 🖋，在其属性栏左侧的下拉列表框中，选择"样品颜色"或"对象属性"选项，在图像上单击所需要的颜色，即可将所吸的颜色成为填充颜色。

实战范例——运用"颜色"泊坞窗选取颜色

使用"颜色"泊坞窗可以方便地为对象填充颜色，并且在"颜色"泊坞窗口中可设置颜色的属性。

运用"颜色"泊坞窗选取颜色的具体操作步骤如下：

素　　材：	素材\第 6 章\小狗.cdr	效　　果：	效果\第 6 章\小狗.cdr
视　　频：	视频\第 6 章\运用"颜色"泊坞窗选取颜色.mp4	关键技术：	"彩色"命令

STEP 01 单击"文件"|"打开"命令，打开一幅素材图片，运用挑选工具选择需要进行填充的图形对象，单击"窗口"|"泊坞窗"|"彩色"命令，如图 6-1 所示。

STEP 02 弹出"颜色"泊坞窗，如图 6-2 所示。

图 6-1　单击"颜色"命令

图 6-2　弹出"颜色"泊坞窗

STEP 03 然后在"颜色"泊坞窗中设置各个参数，如图 6-3 所示。

STEP 04 单击"填充"按钮，即可将设置的颜色填充到选择的图形上，效果如图 6-4 所示。

图 6-3　设置参数

图 6-4　填充颜色

实战范例——运用滴管工具选取颜色

滴管工具可以吸取页面中任何对象的颜色，还可以采集多个点的混合色。

运用滴管工具选取颜色的具体操作步骤如下：

	素　材：	素材\第 6 章\小狗.cdr	效　果：	无
	视　频：	视频\第 6 章\运用滴管工具选取颜色.mp4	关键技术：	滴管工具

STEP 01 运用挑选工具选择绘图页面中需要填充颜色的图形对象，然后选取工具箱中的滴管工具，将鼠标移至图形对象的上方，如图 6-5 所示。

STEP 02 单击鼠标左键，即可选取颜色，状态栏中的"填充"色块显示为鼠标单击处的颜色，效果如图 6-6 所示。

图 6-5　移动鼠标

图 6-6　显示颜色

实战范例——运用"均匀填充"对话框选取颜色

在"均匀填充"对话框中也可以为所选对象设置填充色，用户只需在对话框的颜色选择框中单击，即可选择颜色。

运用"均匀填充"对话框选取颜色的具体操作步骤如下：

	素　材：	素材\第 6 章\卡通屋.cdr	效　果：	效果\第 6 章\卡通屋.cdr
	视　频：	视频\第 6 章\运用"均匀填充"对话框选取颜色.mp4	关键技术：	均匀填充工具

STEP 01 运用挑选工具选择需要设置填充色的对象，展开工具箱中的"填充"工具组，选取均匀填充工具，如图 6-7 所示。

STEP 02 弹出"均匀填充"对话框，在对话框中设置各个参数，如图 6-8 所示。

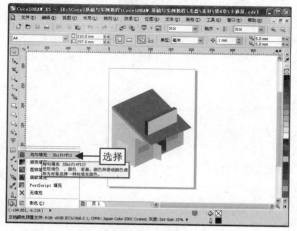

图 6-7 选择均匀填充工具

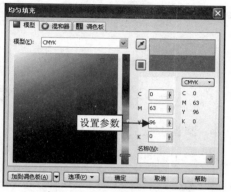

图 6-8 设置各个参数值

STEP 03 单击"确定"按钮，即可将选择的图形对象填充为橘色，效果如图 6-9 所示。

图 6-9 填充颜色

🔍 **技巧点拨**

在图形对象处于选中的状态下，双击状态栏右侧的"填充色"图标⬛，也可以弹出"标准填充"对话框。

■ 6.2 使用调色板

通过调色板为对象填充颜色，是最为快捷的一种填充方法。使用调色板不但可以在对象内部填充颜色，也可以改变对象轮廓线的颜色。在绘图页面中可以同时显示多个调色板，并可以使调色板作为独立的窗口浮动在绘图页面上方，用户也可根据需要自定义调色板。

实战范例——打开调色板

启动 CorelDRAW X5 应用程序后，默认打开的调色板是"默认 CMYK 调色板"，用户也可以通过相应的操作打开其他的调色板。

打开调色板的具体操作步骤如下：

	素　材：素材\第 6 章\小女孩.cdr	效　果：无
	视　频：视频\第 6 章\打开调色板.mp4	关键技术："打开调色板"命令

STEP 01 打开一幅素材图片，单击"窗口"|"调色板"|"打开调色板"命令，如图 6-10 所示。

STEP 02 弹出"打开调色板"对话框，选择需要打开的调色板，如图 6-11 所示。

图 6-10　单击"打开调色板"命令

图 6-11　打开调色板

STEP 03 单击"打开"按钮，即可打开选择的调色板，效果如图 6-12 所示。

图 6-12　打开调色板

6.2.1 移动调色板

CorelDRAW X5 的调色板默认处于打开状态，其位置一般位于界面的右侧，用户可根据需要移动调色板至绘图窗口中。

将鼠标移至调色板的顶端，鼠标指针呈指向 4 个方向的箭头 ✛，如图 6-13 所示，单击鼠标左键并将调色板拖曳至绘图页面中，至合适的位置后释放鼠标左键，即可移动调色板，如图 6-14 所示。

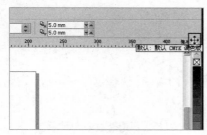

图 6-13　变形鼠标指针

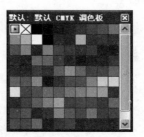

图 6-14　移动调色板

6.2.2 自定义调色板

经常使用某些颜色或者需要一整套看起来比较和谐的颜色时，可以将这些颜色放在自定义调色板中，并将自定义调色板保存为以.cpl 为扩展名的文件。

自定义调色板的具体操作步骤如下：

素　材：	素材\第 6 章\小女孩.cdr	效　果：	效果\第 6 章\小女孩.cdr
视　频：	视频\第 6 章\自定义调色板.mp4	关键技术：	"通过选定的颜色创建调色板"命令

STEP 01　选择绘图页面中纯色的图形对象，单击"窗口"|"调色板"|"通过选定的颜色创建调色板"命令，如图 6-15 所示。

STEP 02　弹出"保存调色板为"对话框，在"文件名"文本框中输入 green 文本，如图 6-16 所示。

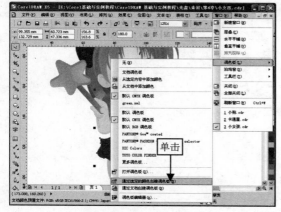

图 6-15　单击相应命令

图 6-16　弹出"另存为"对话框

STEP 03 单击"保存"按钮，完成调色板的自定义，自定义的调色板将显示在界面的右侧，效果如图 6-17 所示。

图 6-17　完成调色板自定义

实战范例——设置调色板

在使用调色板时，用户可通过对调色板的参数进行设置，改变调色板的属性。

设置调色板的具体操作步骤如下：

	素　　材：素材\第 6 章\小女孩.cdr	效　　果：无
	视　　频：视频\第 6 章\设置调色板.mp4	关键技术："选项"命令

STEP 01 单击"工具"|"选项"命令，如图 6-18 所示。

STEP 02 弹出"选项"对话框，在左侧的列表框中展开"工作区"|"自定义"|"调色板"结构树，然后在右侧的"调色板"选项区中设置各选项，如图 6-19 所示。

图 6-18　单击"选项"命令

图 6-19　设置各选项

STEP 03 单击"确定"按钮，即可更改调色板的属性，效果如图 6-20 所示。

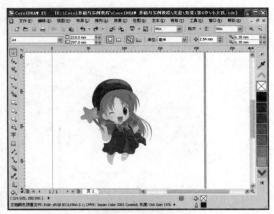

图 6-20　更改调色板属性

专家
提醒

　　　　在调色板的蓝色标题栏与色块之间的白色处单击鼠标右键，在弹出的快捷菜单中选择"自定义"选项，也可以弹出"选项"对话框。

6.2.3　关闭调色板

　　在设计图形的过程中，为了绘图方便，用户可以将界面中的调色板关闭，以腾出更多的空间。

　　在调色板上方单击鼠标右键，弹出快捷菜单，选择"调色板"|"关闭"选项，如图 6-21 所示，即可将界面中的调色板关闭，如图 6-22 所示。

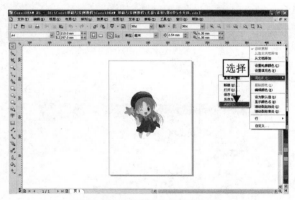

图 6-21　选择"关闭"选项

图 6-22　关闭调色板

技巧点拨

　　关闭调色板还有以下两种方法：

● 菜单命令：使用菜单命令，单击"窗口"|"调色板"|"无"命令。

● 关闭按钮：也可直接单击调色板上方的关闭按钮，也可关闭调色板。

6.3　设置轮廓属性

在绘制图形的过程中，不仅可以为绘制的矢量图形进行对象轮廓线颜色、宽度以及样式的设置，也可为轮廓线添加合适的箭头样式，同时，用户还可对轮廓线的属性进行复制和清除。

6.3.1　设置轮廓线宽度

在"轮廓"工具组中用于设置轮廓宽度的工具包括细线轮廓、0.1mm 轮廓、0.2mm 轮廓、0.25mm 轮廓、1mm 轮廓、2mm 轮廓和 2.5mm 轮廓等，同时，用户也可在"轮廓笔"对话框中设置轮廓线的宽度。

1．运用"轮廓"工具组设置轮廓线宽度

运用"轮廓"工具组设置轮廓线宽度，用户只需在工具组中选择相应的轮廓宽度工具即可。

选择需要设置轮廓宽度的图形对象，然后在工具箱中选择 2.5mm 轮廓工具，如图 6-23 所示，操作完成后，即可更改轮廓线的宽度，如图 6-24 所示。

图 6-23　选择 2.5mm 轮廓工具

图 6-24　更改轮廓线宽度

2．运用"轮廓笔"对话框设置轮廓线宽度

在"轮廓笔"对话框的"宽度"选项区中，用户可根据需要设置轮廓的宽度和单位。

选择需要设置轮廓线宽度的图形，然后选择工具箱中的轮廓笔工具，弹出"轮廓笔"对话框，在"宽度"数值框中输入 7mm，如图 6-25 所示，单击"确定"按钮，即可更改轮廓线的宽度，如 6-26 所示。

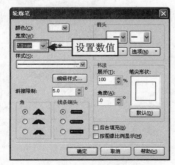

图 6-25　设置宽度数值

图 6-26　更改轮廓线宽度

6.3.2 设置轮廓线颜色

在 CorelDRAW X5 中，绘制图形的轮廓线颜色默认为黑色，用户可根据需要在调色板或"轮廓笔"对话框中进行自定义。

1．在调色板中设置轮廓线颜色

通过运用界面右侧的调色板，用户便可方便地将轮廓线的颜色设置为 CorelDRAW 预设的颜色。

在绘图页面中选择需要设置轮廓线颜色的图形对象，如图 6-27 所示，将鼠标移至调色板的青色色块上，单击鼠标右键，即可将图形轮廓线的颜色更改为青色，如图 6-28 所示。

图 6-27　选择图形对象　　　　　　　图 6-28　改变轮廓线颜色

2．在"轮廓笔"对话框中设置轮廓线颜色

在"轮廓笔"对话框中设置轮廓线的颜色时，用户可根据需要自定义轮廓线的颜色。

选择需要设置轮廓线颜色的图形对象，然后选取工具箱中的轮廓笔工具，弹出"轮廓笔"对话框，在"颜色"下拉列表框中选择"橘红"色块，如图 6-29 所示，单击"确定"按钮，即可改变轮廓线的颜色，如图 6-30 所示。

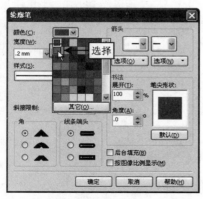

图 6-29　选择"橘红"色块　　　　　　图 6-30　改变轮廓线颜色

6.3.3　设置轮廓线样式

CorelDRAW X5 中的轮廓线样式有的由线段构成，有的由点构成，也有的由线段和点一起构成，通过"轮廓笔"对话框可以设置轮廓线的样式。

选择绘图页面中的曲线图形，打开"轮廓笔"对话框，在"样式"下拉列表框中选择第 3 种轮廓线样式，如图 6-31 所示，单击"确定"按钮，即可更改轮廓线的样式，如图 6-32 所示。

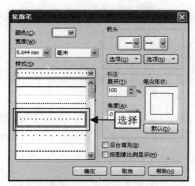

图 6-31　选择轮廓样式

图 6-32　更改轮廓线样式

💡 **技巧点拨**

使用"对象属性"泊坞窗同样可以设置轮廓线样式，选择轮廓图形，单击"窗口"|"泊坞窗"|"属性管理器"命令，弹出"对象属性"泊坞窗，选择"轮廓"选项卡，在该对话框中的样式下拉列表中也可以改变轮廓的宽度。

实战范例——为线条添加箭头

除了可以设置轮廓线的颜色、宽度以及样式外，用户还可为绘制的直线或曲线添加箭头样式。

1．在工具属性栏为线条添加箭头

在工具属性栏的"起始箭头选择器"和"终止箭头选择器"下拉列表框中，可为绘制的直线或曲线添加起始和终止箭头。

在工具属性栏为线条添加箭头的具体操作步骤如下：

	素　材：素材\第 6 章\未来生活.cdr	效　果：效果\第 6 章\未来生活.cdr
	视　频：视频\第 6 章\在工具属性栏为线条添加箭头.mp4	关键技术：选择箭头样式

STEP 01 打开一幅素材图片，选择绘图页面中的曲线，单击工具属性栏中的"起始箭头选择器"下拉列表框右侧的下三角按钮，在弹出的下拉列表框中选择需要的起始箭头样式，如图 6-33 所示。

STEP 02 操作完成后，即可为曲线的起始端添加箭头样式，如图 6-34 所示。

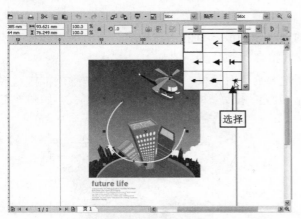

图 6-33　选择箭头样式

图 6-34　添加起始箭头样式

STEP 03 然后单击"终止箭头选择器"下拉列表框右侧的下三角按钮，在弹出的下拉列表框中选择终止端的箭头样式，如图 6-35 所示。

STEP 04 即可为选择曲线的终止端添加箭头样式，效果如图 6-36 所示。

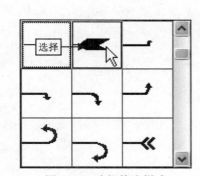

图 6-35　选择箭头样式

图 6-36　添加终止箭头样式

2. 在"轮廓笔"对话框中添加箭头

在"轮廓笔"对话框的"箭头"选项区中，可以为直线或曲线对象添加起始和终止箭头。通过选项区中的两个"选项"按钮，用户可以根据需要自定义箭头样式。

在"轮廓笔"对话框为线条添加箭头的具体操作步骤如下：

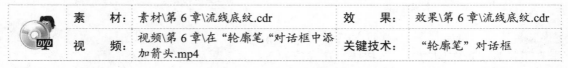

	素　　材：	素材\第 6 章\流线底纹.cdr	效　　果：	效果\第 6 章\流线底纹.cdr
	视　　频：	视频\第 6 章\在"轮廓笔"对话框中添加箭头.mp4	关键技术：	"轮廓笔"对话框

STEP 01 打开一幅素材图片，选择需要添加箭头的曲线图形对象，打开"轮廓笔"对话框，

在"箭头"选项区中单击第 1 个下拉列表框右侧的下三角按钮，在弹出的下拉列表框中选择起始端箭头样式，如图 6-37 所示。

STEP 02 单击"箭头"选项区中第 2 个下拉列表框右侧的下三角按钮，在弹出的下拉列表框中选择终止端箭头样式，如图 6-38 所示。

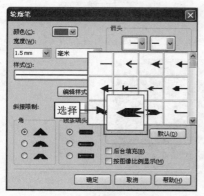
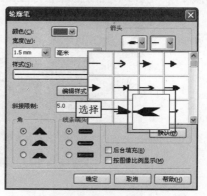

图 6-37　选择起始端箭头样式　　　　图 6-38　选择终止端箭头样式

STEP 03 单击"确定"按钮，即可为曲线的起始端和终止端添加选择的箭头样式，效果如图 6-39 所示。

图 6-39　添加箭头样式

实战范例——复制轮廓属性

在绘图页面进行编辑的图形对象中，设置好一个轮廓的属性后，可将设置的轮廓属性复制到其他的图形对象上，以提高工作效率。

复制轮廓属性的具体操作步骤如下：

素　材：	素材\第 6 章\流线底纹.cdr	效　果：	效果\第 6 章\流线底纹.cdr
视　频：	视频\第 6 章\复制轮廓属性.mp4	关键技术：	"复制所有属性"命令

STEP 01 选择绘图页面上方的曲线，单击鼠标右键并将其拖曳至下方的曲线上，如图 6-40 所示。

STEP 02 至合适位置后，释放鼠标，在弹出的快捷菜单中选择"复制所有属性"选项，如图 6-41 所示。

图 6-40　拖曳曲线　　　　　　　　　　　　图 6-41　选择选项

STEP 03 即可将上方曲线的属性全部复制到下方的曲线上，效果如图 6-42 所示。

图 6-42　复制轮廓属性

6.3.4　清除轮廓属性

若用户不再需要图形对象的轮廓，此时，即可将图形的轮廓清除。

在绘图页面中，选择需要清除轮廓的曲线，如图 6-43 所示，将鼠标移至调色板中的无填充色块上，单击鼠标右键，即可清除图形轮廓，如图 6-44 所示。

图 6-43　选择曲线　　　　　　　　　　　　图 6-44　清除图形轮廓

技巧点拨

清除轮廓属性还有以下 4 种方式：

● 轮廓工具组：选择轮廓图形，单击轮廓工具组中的"无轮廓"按钮✕，即可清除轮廓。

● "对象属性"泊坞窗：选择轮廓图形，单击"窗口"|"泊坞窗"|"属性管理器"命令，弹出"对象属性"泊坞窗，在"宽度"下拉列表中选择"无"选项，也可清除轮廓。

● "轮廓笔"对话框：选择轮廓图形，单击轮廓组中的"轮廓画笔对话框"按钮，弹出"轮廓笔"对话框，在"宽度"下拉列表中选择"无"选项，单击"确定"按钮，也可清除轮廓。

● 状态栏：选择要清除轮廓的图形对象，双击状态栏右侧的"轮廓色"图标，可弹出"轮廓笔"对话框。参照上述操作，即可清除轮廓属性。

6.4　单色与渐变填充

单色填充即在图形对象上进行单一颜色的填充，用户可以使用调色板、标准工具栏或油漆桶工具来进行单色填充。渐变填充是一种非常实用的功能，在设计制作中经常被应用。渐变填充能够在同一图形对象上应用两种或多种颜色之间的平滑渐进效果，从而给选择的对象增加深度感。

实战范例——运用调色板填充

运用调色板进行单色填充是 CorelDRAW X5 中使用频率最高的颜色填充方式，下面将具体向用户进行讲解。

使用调色板填充的具体操作步骤如下：

素　材：	素材\第 6 章\画板.cdr	效　果：	效果\第 6 章\画板.cdr
视　频：	视频\第 6 章\运用调色板填充.mp4	关键技术：	单击鼠标

STEP 01　单击"文件"|"打开"命令，打开一幅素材图形文件，如图 6-45 所示。

STEP 02　运用挑选工具选择绘图页面中的灰色图形，在调色板的红色色块上单击鼠标左键，如图 6-46 所示。

图 6-45　打开图形文件

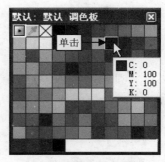

图 6-46　单击红色色块

STEP 03　操作完成后，即可为选择的图形对象填充红色，效果如图 6-47 所示。

图 6-47　填充颜色

实战范例——运用标准填充工具填充

使用工具箱中的均匀填充工具，可以为绘图页面中的图形对象填充颜色。

使用均匀填充工具填充的具体操作步骤如下：

素 材：	素材\第 6 章\T 恤.cdr	效 果：	效果\第 6 章\T 恤.cdr
视 频：	视频\第 6 章\运用标准工具填充.mp4	关键技术：	"均匀填充"选项

STEP 01 单击"文件"|"打开"命令，打开一幅素材图形文件，如图 6-48 所示。

STEP 02 运用挑选工具选择绘图页面中的黄色图形对象，展开工具箱中的填充工具组，在弹出的列表框中选择"均匀填充"选项，弹出"均匀填充"对话框，在"组件"选项区中设置 C、M、Y、K 的值分别为 0、20、20、60，如图 6-49 所示。

图 6-48 打开图形文件

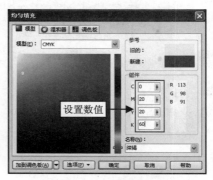

图 6-49 设置参数值

STEP 03 单击"确定"按钮，即可填充图形对象，如图 6-50 所示。

STEP 04 用与上同样的方法，将衣服的颜色更改为深蓝光紫（CMYK 颜色参数值分别为 0、60、0、40），效果如图 6-51 所示。

图 6-50 填充图形对象

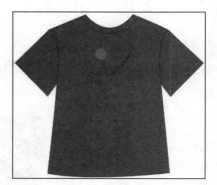

图 6-51 更改颜色

实战范例——运用颜料筒工具填充

使用颜料桶工具也可以为图形对象填充颜色，但在使用颜料桶工具进行填充前，需要配合使用吸管工具吸取颜色。

使用颜料桶工具填充的具体操作步骤如下：

素　　材：	素材\第 6 章\工作室.cdr	效　　果：	效果\第 6 章\工作室.cdr
视　　频：	视频\第 6 章\运用颜料桶工具填充.mp4	关键技术：	颜料桶工具

STEP 01 单击"文件"|"打开"命令，打开一幅素材图形文件，选择工具箱中的滴管工具 ，将鼠标移至绘图页面的橘色图形上，单击鼠标左键，吸取颜色，如图 6-52 所示。

STEP 02 鼠标指针转变为颜料桶形状 ，将鼠标移至绘图页面的蓝色图形上，如图 6-53 所示。

图 6-52　吸取颜色

图 6-53　定位鼠标

STEP 03 单击鼠标左键，即可将吸管吸取的颜色填充到蓝色图形上，如图 6-54 所示。

STEP 04 用与上面同样的方法，使用颜料桶工具填充绘图页面中的其他图形，效果如图 6-55 所示。

图 6-54　填充图形

图 6-55　填充其他图形

6.4.1　运用油漆桶工具填充

使用油漆桶工具也可以填充对象颜色。在使用油漆桶工具之前，首先需要选取工具箱中的吸管工具，吸取所需颜色，再选取工具箱中的油漆桶工具，单击图形对象，即可为该图形对象填充吸取的颜色。图 6-56 所示为使用吸管工具结合油漆桶工具填充素材图像的前后对比效果。

图 6-20　运用油漆筒工具填充

6.4.2　运用"对象属性"泊坞窗填充

打开并使用"对象属性"泊坞窗填充对象，有以下 3 种方法：

● 　快捷菜单：在选择的对象上单击鼠标右键，在弹出的快捷菜单中选择"属性"选项，弹出"对象属性"泊坞窗，在该泊坞窗中单击"填充"选项卡，如图 6-21 所示。

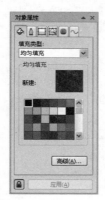

图 6-21　弹出"对象属性"对话框

● 　在其中的"填充类型"下拉列表框中选择"标准填充"选项，在下面的颜色框中选择需要的颜色，单击"应用"按钮，即可将所选的颜色填充到选中的对象上，如图 6-22 所示。

图 6-22　填充对象

- 菜单命令：单击"窗口"|"泊坞窗"|"属性管理器"命令，也可弹出"对象属性"泊坞窗，从中进行相关设置，即可完成填充对象的操作。

- 快捷键：使用选择工具选择对象，按【Alt+Enter】组合键，弹出"对象属性"泊坞窗，从中进行相关设置即可完成填充对象的操作。

实战范例——运用交互式填充工具填充

使用交互式填充工具，可以方便、快捷地为对象设置各种类型的填充方式。

进行交互式填充的具体操作步骤如下：

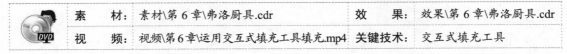

素　　材：	素材\第 6 章\弗洛厨具.cdr	效　　果：	效果\第 6 章\弗洛厨具.cdr
视　　频：	视频\第 6 章\运用交互式填充工具填充.mp4	关键技术：	交互式填充工具

STEP 01 单击"文件"|"打开"命令，打开一幅素材图形文件，如图 6-23 所示。

STEP 02 运用挑选工具选择绘图页面中的灰色图形对象，选择工具箱中的交互式填充工具，在弹出的列表框中选择"底纹填充"选项，单击"填充下拉式"下拉按钮，在弹出的下拉列表框中选择需要的底纹样式，如图 6-24 所示。

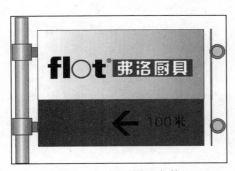

图 6-23　打开图形文件

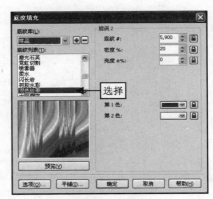

图 6-24　选择底纹样式

STEP 03 执行操作后，即可为所选图形填充底纹，效果如图 6-25 所示。

STEP 04 最后为图像添加标准透明效果，效果如图 6-26 所示。

图 6-25　填充底纹

图 6-26　添加标准透明效果

实战范例——运用"渐变填充方式"对话框填充

CorelDRAW X5 的预设渐变包括线性渐变、射线渐变、圆锥渐变和方角渐变 4 种类型。

1．线性渐变

线性渐变填充可以沿着直线进行变化。

进行线性渐变填充的具体操作步骤如下：

	素　　材：	素材\第 6 章\辉煌 6 周年.cdr	效　　果：	效果\第 6 章\辉煌 6 周年.cdr
	视　　频：	视频\第 6 章\线性渐变.mp4	关键技术：	渐变填充工具

STEP 01 单击"文件"|"打开"命令，打开一幅素材图形文件，如图 6-27 所示。

STEP 02 运用挑选工具选择黄色背景，选择工具箱中的渐变填充工具，弹出"渐变填充"对话框，单击"类型"选项右侧的下拉按钮，在弹出的列表框中选择"线性"选项，并设置"角度"为-60、"边界"为 7、"从"为黄色、"到"为白色，如图 6-28 所示。

图 6-27　打开图形文件

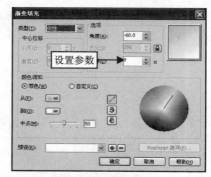

图 6-28　设置各参数值

STEP 03 单击"确定"按钮，即可进行线性渐变填充，效果如图 6-29 所示。

图 6-29　线性渐变填充

2．辐射渐变

射线渐变填充可以从对象中心向外辐射。

进行射线渐变填充的具体操作步骤如下：

	素 材：	素材\第 6 章\音乐无限.cdr	效 果：	效果\第 6 章\音乐无限.cdr
	视 频：	视频\第 6 章\辐射渐变.mp4	关键技术：	渐变填充工具

STEP 01 单击"文件"|"打开"命令，打开一幅素材图形文件，如图 6-30 所示。

STEP 02 运用挑选工具选择手提袋的正面图形，选择工具箱中的渐变填充工具，弹出"渐变填充"对话框，在"类型"列表框中选择"辐射"选项，并设置"边界"为 10，如图 6-31 所示。

图 6-30　打开图形文件

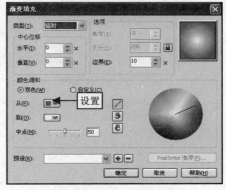

图 6-31　设置各个参数

STEP 03 单击"确定"按钮，即可将选择的图形对象进行辐射渐变填充，效果如图 6-32 所示。

STEP 04 用与上同样的方法，为手提袋的侧面图形进行辐射渐变填充，效果如图 6-33 所示。

图 6-32　辐射渐变填充

图 6-33　填充其他图形

3. 圆锥渐变

圆锥渐变填充可以产生光线落在圆锥上的效果。

进行圆锥渐变填充的具体操作步骤如下：

	素 材：	素材\第 6 章\杯子.cdr	效 果：	效果\第 6 章\杯子.cdr
	视 频：	视频\第 6 章\圆锥渐变.mp4	关键技术：	"圆锥"选项

STEP 01 单击"文件"|"打开"命令，打开一幅素材图形文件，如图 6-34 所示。

STEP 02 运用挑选工具选择绘图页面的杯子图形，选择工具箱中的渐变填充工具，弹出"渐变填充"对话框，在"类型"列表框中选择"圆锥"选项，并设置"角度"为 270、"水平"为 50、"垂直"为 50，如图 6-35 所示。

图 6-34　打开图形文件

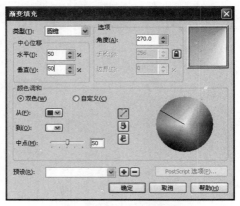

图 6-35　设置各个数值

STEP 03 单击"确定"按钮，即可将选择的图形对象进行圆锥渐变填充，效果如图 6-36 所示。

STEP 04 用与上同样的方法，填充绘图页面中的其他图形对象，效果如图 6-37 所示。

图 6-36　圆锥渐变填充

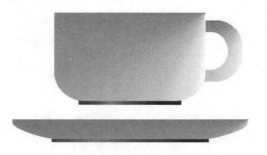

图 6-37　填充其他图形

4．正方形渐变

方角渐变填充是以同心方形的形式从对象中心向外扩散。

进行正方形渐变填充的具体操作步骤如下：

	素　材：	素材\第 6 章\烟灰缸.cdr	效　果：	效果\第 6 章\烟灰缸.cdr
	视　频：	视频\第 6 章\正方形渐变.mp4	关键技术：	"正方形"选项

STEP 01 单击"文件"|"打开"命令，打开一幅素材图形文件，运用挑选工具选择绘图页面中需要进行正方形渐变填充的图形，如图 6-38 所示。

STEP 02 选择工具箱中的渐变填充工具，弹出"渐变填充"对话框，在"类型"列表框中选择"正方形"选项，如图 6-39 所示。

图 6-38　打开图形文件

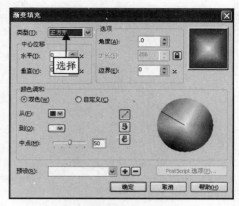

图 6-39　选择"正方形"选项

STEP 03 单击"确定"按钮，即可进行正方形渐变填充，效果如图 6-40 所示。

STEP 04 用与上同样的方法，为绘图页面中的其他图形进行正方形渐变填充，效果如图 6-41 所示。

图 6-40　正方形渐变填充

图 6-41　填充其他图形

实战范例——自定义渐变填充

除了可以运用预设的渐变填充方式外，用户还可以根据需要自定义渐变填充方式。

自定义渐变填充的具体操作步骤如下：

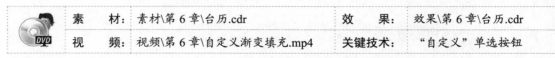

素　材：	素材\第 6 章\台历.cdr		效　果：	效果\第 6 章\台历.cdr	
视　频：	视频\第 6 章\自定义渐变填充.mp4		关键技术：	"自定义"单选按钮	

STEP 01 单击"文件"|"打开"命令，打开一幅素材图形文件，运用挑选工具选择绘图页面中的灰色图形，如图 6-42 所示。

STEP 02 选择工具箱中的渐变填充工具，弹出"渐变填充"对话框，设置"类型"为"线性"，选中"自定义"单选按钮，在渐变矩形条的中间位置双击鼠标左键，添加一个色标，并依次设置矩形条上 3 个色标的颜色分别为橘色、红色和蓝色，在"角度"数值框中输入-10，如图 6-43 所示。

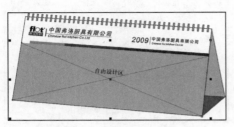

图 6-42　打开图形文件

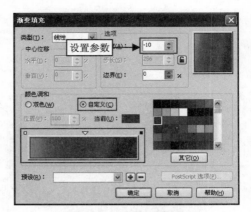

图 6-43　设置各个数值

STEP 03　单击"确定"按钮，即可为所选对象填充自定义的渐变色，效果如图 6-44 所示。

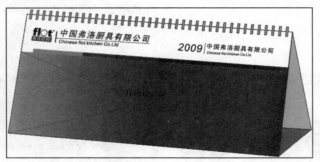

图 6-44　自定义渐变色

6.5　图案与底纹填充

用户可以使用 CorelDRAW X5 系统预设的图样进行填充，也可以自定义创建图样进行填充，图样填充包括双色图样填充、全色图样填充和位图图样填充。底纹填充是一种非常有创造力的填充功能，使用底纹填充可以创建出非常丰富的纹理图案，可以对图案的颜色、密度、纹理特征进行调整，以使纹理更符合工作的需要。

实战范例——双色图案

双色图样是指一个仅包括指定的两种颜色的图样，即由前景色和背景色所组成的简单图案。

进行双色图案填充的具体操作步骤如下：

	素　　材：	素材\第 6 章\苹果.cdr	效　　果：	效果\第 6 章\苹果.cdr
	视　　频：	视频\第 6 章\双色图案.mp4	关键技术：	"双色"单选按钮

STEP 01 在绘图页面中选择需要进行双色图样填充的图形对象，如图 6-45 所示。

STEP 02 选取工具箱中的图样填充工具，弹出"图样填充"对话框，选中"双色"单选按钮，如图 6-46 所示。

图 6-45　选择图形对象

图 6-46　选中"双色"单选按钮

STEP 03 单击图样样式下拉列表框右侧的下三角按钮，在弹出的下拉列表框中选择需要填充的图样样式，如图 6-47 所示。

STEP 04 单击"确定"按钮，即可为选择的图形进行双色图样填充，效果如图 6-48 所示。

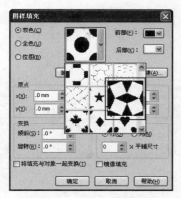

图 6-47　选择图样样式

图 6-48　双色图样填充

6.5.1　全色图案

全色图样是指一种用矢量方法创建的图案样式，且每一种全色图样都是由许多线条和与其对应的填充属性所组成的。使用全色填充，可以使填充的图案更加平滑。

选择需要进行全色图样填充的图形对象，在工具箱中选择"图样填充"工具，弹出"图样填充"对话框，选中"全色"单选按钮，然后在右侧的图样样式下拉列表框中选择需要的图样样式，如图 6-49 所示，单击"确定"按钮，即可为图形对象进行全色图样填充，如图 6-50 所示。

图 6-49　弹出"图样填充"对话框

图 6-50　全色图样填充

6.5.2　位图图案

位图图样填充的是一种位图图像，其复杂性取决于其大小、图像分辨率以及位深度。

选择绘图页面中需要进行位图图样填充的图形对象，然后在工具箱中选取图样填充工具，弹出"图样填充"对话框，选中"位图"单选按钮，并在右侧的下拉列表框中选择需要的图样样式，如图 6-51 所示。单击"确定"按钮，即可为选择的图形对象进行位图图样填充，如图 6-52 所示。

图 6-51　选择图样样式

图 6-52　填充位图图样

6.5.3　底纹填充

CorelDRAW X5 提供的预设底纹是随机产生的填充，它使用小块的位图填充图形对象，可以给图形对象一个自然的外观。

	素　　材：	素材\第 6 章\美肤.cdr	效　　果：	效果\第 6 章\美肤.cdr
	视　　频：	视频\第 6 章\底纹填充.mp4	关键技术：	"底纹填充"对话框

STEP 01 单击"文件"|"打开"命令，打开一幅素材图像，如图 6-53 所示，选择要填充底纹的图形对象。

STEP 02 单击工具箱中的填充工具，选择底纹填充工具，弹出"底纹填充"对话框，设置"阴影"颜色为"淡黄色"（CMYK 参考值分别为 3、16、34、0）、设置"中阴影"为"白色"（CMYK 参考值均为 0），参数设置如图 6-54 所示。

图 6-53　打开素材图像

图 6-54　弹出"底纹填充"对话框

STEP 03 单击"确定"按钮，进行底纹填充，并在调色板上用鼠标右键单击"删除轮廓"按钮⊠，删除轮廓，效果如图 6-55 所示。

图 6-55　底纹填充

6.5.4　PostScript 底纹填色

PostScript 底纹填充是一种特殊的图案，它是使用 PostScript 语言创建出来的一种特殊的图案填充，与其他位图底纹的明显不同之处在于从 PostScript 的空白处可以看见它下面的对象。

选择需要进行 PostScript 底纹填充的图形对象，然后选择工具箱中的 PostScript 工具，弹出"PostScript 底纹"对话框，在左侧的底纹样式下拉列表框中选择"彩色圆"选项，然后选中"预览填充"复选框，如图 6-56 所示。单击"确定"按钮，即可为底纹填充 PostScript 底纹，如图 6-57 所示。

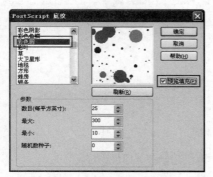

图 6-56　弹出"PostScript 底纹"对话框

图 6-57　填充 PostScript 底纹

6.6　本章小结

CorelDRAW X5 中的矢量图形是由填充色块和轮廓线组成的，用户可以自由地设定轮廓的颜色、宽度以及样式等属性，并可以在对象与对象之间进行轮廓属性的复制，用户可以通过 CorelDRAW X5 提供的调色板对图形颜色进行设置，也可以自定义颜色对封闭的图形进行填充，还可以通过吸管工具吸取其他图形的颜色进行填充。

6.7　习题测试

一、填空题

（1）启动 CorelDRAW X5 应用程序后，默认打开的调色板是_____。

（2）CorelDRAW X5 为用户提供了 4 种渐变填充类型，分别为_____、射线渐变、圆锥渐变和_____。

（3）运用"对象属性"泊坞窗填充的 3 种方式分别是_____、_____、_____。

（4）单色填充即在图形对象上进行单一颜色的填充，用户可以使用_____、标准工具栏或_____来进行单色填充。

（5）PostScript 底纹填充是一种特殊的图案，与其他位图底纹的明显不同之处在于_____。

二、操作题

（1）运用所学知识，为下面的图形填充 PostScrip 纹理，如图 6-58 所示。

图 6-58　为图形对象填充 PostScript 底纹的前后效果

（2）运用所学知识，为下面图形填充全色图案，如图 6-59 所示。

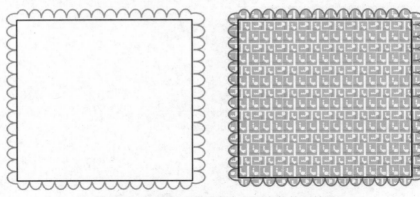

图 6-59　为图形对象填充全色图案的前后效果

第 **7** 章　创建与编辑文本对象

　　CorelDRAW X5 具有强大的文字处理功能，用户利用它可以精确地控制文本的创建与编辑，不但可以对文本进行常规的输入和编辑操作，而且还可以添加各种复杂的文本特效，以满足图形编辑的需要。本章主要向读者介绍输入与编辑文字、转换文本对象、制作文字特殊效果以及制作文本路径效果的操作方法。

- 输入与编辑文字
- 制作文字特殊效果
- 制作文本路径效果
- 转换文本对象

7.1 输入与编辑文字

CorelDRAW X5 的文本处理能力也像它的图形图像处理能力一样强大，它为平面设计者提供了创建文本、美术字和段落文本等功能，同时还可对创建和插入的文本对象进行编辑处理。

7.1.1 导入文本

导入文本是一种快速输入文本的方法，若用户需要篇幅较长的文本，而这个文本又存在于系统之中，则可使用导入文本的方法直接将文本导入到绘图页面中，而不用重新输入文本，以节省时间，提高工作效果。

导入文本的具体操作步骤如下：

素 材：	素材\第 7 章\诗韵舒.cdr、广告语.doc	效 果：	效果\第 7 章\诗韵舒.cdr
视 频：	视频\第 7 章\导入文本.mp4	关键技术：	"导入" 命令

STEP 01 按【Ctrl＋O】组合键，打开一幅素材图形文件，如图 7-1 所示。

STEP 02 单击 "文件" | "导入" 命令，弹出 "导入" 对话框，选择需要导入的文档，如图 7-2 所示。

图 7-1 打开图形文件

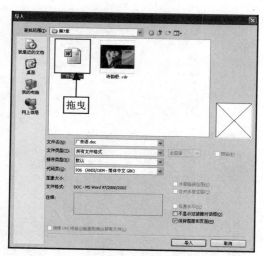

图 7-2 选择需要导入的文档

STEP 03 单击 "导入" 按钮，弹出 "导入/粘贴文本" 对话框，选中 "保持字体和格式" 单选按钮，如图 7-3 所示。

STEP 04 单击 "确定" 按钮，鼠标指针呈标尺形状，将鼠标移至需要插入文本的位置，如图 7-4 所示。

图 7-3　选中相应的单选按钮

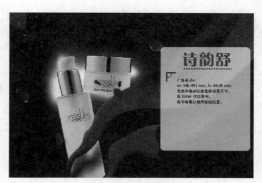

图 7-4　定位鼠标

STEP 05 单击鼠标左键，即可将文本导入到绘图页面中，将段落文本框调整至合适的大小，效果如图 7-5 所示。

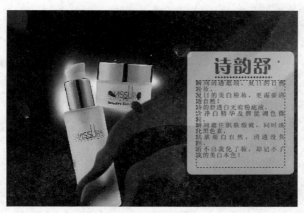

图 7-5　调整文本

实战范例——创建美术字文本

在 CorelDRAW X5 中，常用的是以美术字文本方式输入并修饰的文本。美术字文本适合制作少量文本组合的文本对象，如书籍和产品的名称或标题等。美术文本可以直接在绘图页面中添加，分为横排美术文本和垂直美术文本两种。

1. 创建横排美术文本

在 CorelDRAW X5 的默认情况下，创建的美术文本是横排的，用户只需在绘图页面中直接添加即可。

创建横排美术文本的具体操作步骤如下：

	素　　材：	素材\第 7 章\SALE.cdr	效　　果：	效果\第 7 章\ SALE.cdr
	视　　频：	视频\第 7 章\创建横排美术文本.mp4	关键技术：	文本工具

STEP 01 选择文本工具 字，将鼠标移至绘图页面，鼠标指针呈十字形，如图 7-6 所示。

STEP 02 单击鼠标左键，绘图页面显示一个闪烁的光标，如图 7-7 所示。

图 7-6　定位鼠标

图 7-7　显示闪烁光标

STEP 03 选择合适的输入法，输入文本"星城购物节"，如图 7-8 所示。

STEP 04 在工具属性栏中设置"字体"、"字号大小"分别为"方正粗倩简体"和 48pt，并且设置文本的"颜色"为白色，运用挑选工具将文本移至合适的位置，效果如图 7-9 所示。

图 7-8　输入文本

图 7-9　设置文本

2．创建垂直美术文本

选择工具箱中的文本工具后，单击工具属性栏中的"将文本更改为垂直方向"按钮，此时用户可根据需要在绘图页面的合适位置添加相应的垂直美术文本。

创建垂直美术文本的具体操作步骤如下：

	素　　材：	素材\第 7 章\SALE.cdr	效　　果：	效果\第 7 章\ SALE01.cdr
	视　　频：	视频\第 7 章\创建垂直美术文本.mp4	关键技术：	文本工具

STEP 01 选择工具箱中的文本工具，在绘图页面的合适位置单击鼠标左键，鼠标光标呈闪烁状态，如图 7-10 所示。

STEP 02 输入文本"星城购物节"，如图 7-11 所示。

STEP 03 在工具属性栏中设置文本的"字体"、"字号大小"分别为"方正粗倩简体"和 36pt，并将文本的颜色设置为白色，运用挑选工具将文本移至合适的位置，效果如图 7-12

所示。

图 7-10　显示闪烁光标

图 7-11　输入文本对象

图 7-12　设置文本

> 在绘图页面中输入横排美术字文本后，运用挑选工具选择输入的文本，单击工具属性栏中的"将文本更改为垂直方向"按钮，即可将横排文本变为垂直文本。

实战范例——输入段落文本

CorelDRAW X5 具有强大的段落文本处理功能，它完全可以和专业排版软件的文字功能相媲美，它能够进行报纸、杂志、产品说明、企业宣传册等宣传材料的加工，也可以进行贺卡、年历等家庭生活用品的设计制作。

创建段落式文本的具体操作步骤如下：

素　　材：	素材\第 7 章\糖果.cdr		效　　果：	效果\第 7 章\糖果.cdr	
视　　频：	视频\第 7 章\创建垂直美术文本.mp4		关键技术：	文本工具	

STEP 01 选取工具箱中的文本工具，在绘图页面的合适位置单击鼠标左键并拖曳，如图 7-13 所示。

STEP 02 至合适的位置后释放鼠标，即可在绘图页面中绘制一个段落文本框，且文本框中显示一个闪烁的光标，如图 7-14 所示。

图 7-13　拖曳鼠标

图 7-14　绘制段落文本框

STEP 03 选择一种输入法，在段落文本框中输入需要的文本内容，如图 7-15 所示。

STEP 04 在工具属性栏中设置段落文本的"字体"、"字号大小"分别为"黑体"和 24pt，填充色和轮廓色都为白色，效果如图 7-16 所示。

图 7-15　输入文本内容

图 7-16　设置文本

实战范例——使用剪贴板复制文本

运用 CorelDRAW X5 提供的剪贴板，可以将其他文本编辑软件中的文本复制到 CorelDRAW X5 的绘图窗口中。

通过剪贴板复制文本的具体操作步骤如下：

素　材：	素材\第 7 章\爱家装饰.cdr	效　果：	效果\第 7 章\爱家装饰.cdr
视　频：	视频\第 7 章\使用剪贴板复制文本.mp4	关键技术：	文本工具

STEP 01 单击"文件"|"打开"命令，打开一个图形文件，如图 7-17 所示。

STEP 02 选择工具箱中的文本工具，在绘图页面的合适位置单击鼠标左键并拖曳，绘制一个段落文本框，如图 7-18 所示。

STEP 03 打开文本对象所在的 Word 文档，如图 7-19 所示。

STEP 04 选择全部文本内容，按【Ctrl＋C】组合键复制文本内容，切换至 CorelDRAW X5 的绘图页面，按【Ctrl＋V】组合键，弹出"导入/粘贴文本"对话框，选中"摒弃字体和格式"单选按钮，如图 7-20 所示。

图 7-17　打开图形文件

图 7-18　绘制段落文本框

图 7-19　打开 Word 文档

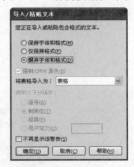

图 7-20　弹出"导入/粘贴文本"对话框

STEP 05 单击"确定"按钮，将复制的文本内容粘贴到绘图页面的段落文本框中，如图 7-21 所示。

STEP 06 在工具属性栏中设置文本的"字体"为"黑体"、"字号大小"为 48pt，运用挑选工具调整段落文本框的大小，并将文本移至页面的合适位置，效果如图 7-22 所示。

图 7-21　粘贴文本内容

图 7-22　设置文本

专家
提醒

在"导入/粘贴文本"对话框中，若选中"保存字体和格式"单选按钮，在粘贴文本时将保留原文本的字体和段落格式；若选中"仅保持格式"单选按钮，在粘贴文本时将保留文本的段落格式；若选中"摒弃字体和格式"单选按钮，在粘贴文本时则不保留文本的字体和段落格式。

实战范例——运用属性栏设置文本

无论是美术字文本还是段落文本，用户都可以根据需要更改其属性，包括字体、字号大小、下画线以及颜色等设置。

运用属性栏设置文本的具体操作步骤如下：

素　材：	素材\第 7 章\冰水广告.cdr	效　果：	效果\第 7 章\冰水广告.cdr
视　频：	视频\第 7 章\运用属性栏设置文本.mp4	关键技术：	"字体"下拉按钮

STEP 01 按【Ctrl＋O】组合键，打开一幅素材图形文件，如图 7-23 所示。

STEP 02 运用挑选工具选择绘图页面中需要设置文本属性的文本，单击工具属性栏中的"字体"下拉按钮，在弹出的下拉列表框中选择"方正粗倩简体"选项，更改文本的字体，效果如图 7-24 所示。

专家提醒　　在绘图页面中选择文本对象后，在调色板的相应色块上单击鼠标左键，可以更改文本的颜色；单击鼠标右键，可以为文本对象添加相应颜色的轮廓。

图 7-23　打开图形文件

图 7-24　更改文本字体

STEP 03 将鼠标移至调色板的黄色色块上，单击鼠标左键，即可更改文本的颜色，效果如图 7-25 所示。

STEP 04 单击工具属性栏中的"字号大小"下拉按钮，在弹出的列表框中选择 48pt 选项，即可设置文本的字号大小，效果如图 7-26 所示。

图 7-25　更改文本颜色

图 7-26　设置字号大小

实战范例——"编辑文本"对话框

在使用"编辑文本"对话框编辑文本之前，需要先使用文本工具在绘图页面中创建点文字或段落文本框。

使用"编辑文本"对话框编辑文本的具体操作步骤如下：

素　材：	素材\第 7 章\液晶显示器.cdr	效　果：	效果\第 7 章\液晶显示器.cdr
视　频：	视频\第 7 章\"编辑文本"对话框.mp4	关键技术：	"编辑文本"命令

STEP 01 按【Ctrl＋O】组合键，打开一幅素材图形文件，如图 7-27 所示。

STEP 02 运用挑选工具选择绘图页面中的文本对象，单击"文本"|"编辑文本"命令，弹出"编辑文本"对话框，如图 7-28 所示。

图 7-27　打开图形文件

图 7-28　弹出"编辑文本"对话框

STEP 03 在该对话框中设置"字体"、"字号大小"分别为"汉仪菱心体简"和 50pt，如图 7-29 所示。

STEP 04 单击"确定"按钮，即可完成对文本的编辑，效果如图 7-30 所示。

图 7-29　设置文本属性

图 7-30　编辑后的文本效果

专家提醒　　按键盘上的【Ctrl＋Shift＋T】组合键，也可以弹出"编辑文本"对话框。

7.1.2　运用形状工具调整文本间距

使用工具箱中的形状工具，可以直接在绘图页面中调整文本的间距。

按【Ctrl＋O】组合键，打开一幅素材图形文件，选择工具箱中的形状工具，在需要调整字符间距的段落文本上单击鼠标左键，文本的左下角和右下角分别显示一个控制柄，如

图 7-31 所示。根据需要拖曳两个控制柄，即可完成使用形状工具调整字符间距的操作，效果如图 7-32 所示。

图 7-31　打开图形文件

图 7-32　调整字符间距

7.2　制作文字特殊效果

CorelDRAW X5 编辑文字和排版的功能非常强大，用户可根据需要设置文本首字下沉、文本分栏效果、图文混排效果、文本封套效果，并且还可在其中插入一些特殊的字符。

实战范例——添加文本封套效果

使用文本封套效果可以任意改变和控制美术字或段落文本的大小与形状。

添加文本封套效果的具体操作步骤如下：

| 素　　材： | 素材\第 7 章\爱心.cdr | 效　　果： | 效果\第 7 章\爱心.cdr |
| 视　　频： | 视频\第 7 章\添加文本封套效果.mp4 | 关键技术： | "添加预设"按钮 |

STEP 01 打开一个素材图形文件，在绘图页面中选择一个文本对象，如图 7-33 所示。

STEP 02 单击"窗口"|"泊坞窗"|"封套"命令，打开"封套"泊坞窗，单击"添加预设"按钮，在样式下拉列表框中选择心形样式，如图 7-34 所示。

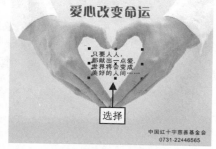

图 7-33　选择文本对象

图 7-34　选择封套样式

STEP 03 单击"应用"按钮，即可为文本对象添加封套效果，效果如图 7-35 所示。

图 7-35　添加封套效果

实战范例——设置段落文本属性

在 CorelDRAW X5 中，文本编排的默认方式是沿水平方向排列。使用文本工具属性栏或"文本"菜单命令，可以改变已经创建的文本或输入的文本围绕图形对象进行排列的方式，并可以设置首字下沉、分栏和添加项目符号等效果。

1．设置文本首字下沉

在段落文本中应用首字下沉可以放大首字母，并可以通过更改设置来自定义首字下沉的格式。

设置文本首字下沉的具体操作步骤如下：

	素　　材：素材\第 7 章\留言卡.cdr	效　　果：效果\第 7 章\留言卡.cdr
	视　　频：视频\第 7 章\设置文本首字下沉.mp4	关键技术："首字下沉"命令

STEP 01 打开一个素材图形文件，选择绘图页面中的段落文本，如图 7-36 所示。

STEP 02 单击"文本"|"首字下沉"命令，如图 7-37 所示。

图 7-36　选择段落文本

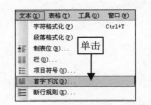

图 7-37　单击"首字下沉"命令

STEP 03 弹出"首字下沉"对话框，选中"使用首字下沉"复选框，如图 7-38 所示。

STEP 04 单击"确定"按钮，即可设置文本首字下沉，效果如图 7-39 所示。

图 7-38　弹出"首字下沉"对话框

图 7-39　文本首字下沉

2. 设置文本分栏效果

运用 CorelDRAW X5 中的分栏命令，可以灵活地对段落文本进行分栏排列。

设置文本分栏效果的具体操作步骤如下：

素　　材：	素材\第 7 章\留言卡.cdr	效　　果：	效果\第 7 章\留言卡 01.cdr
视　　频：	视频\第 7 章\设置文本分栏.mp4	关键技术：	"栏"命令

STEP 01 在绘图页面中选择段落文本对象，如图 7-40 所示。

STEP 02 单击"文本"|"栏"命令，如图 7-41 所示。

图 7-40　选择文本对象

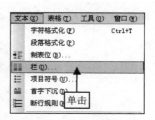

图 7-41　单击"栏"命令

STEP 03 弹出"栏设置"对话框，在"栏数"数值框中输入 2，如图 7-42 所示。

STEP 04 单击"确定"按钮，即可将文本分成两栏，效果如图 7-43 所示。

3. 设置图文混排效果

段落文本虽然不能用于制作文本适合路径效果，但可以用来制作图文混排效果，使画面更为精彩、美观。

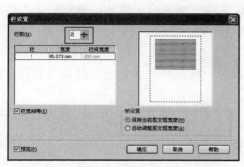

图 7-42 弹出"栏设置"对话框

图 7-43 将文本分栏

设置图文混排效果的具体操作步骤如下：

	素　　材：	素材\第 7 章\留言卡.cdr	效　　果：	效果\第 7 章\留言卡 01.cdr
	视　　频：	视频\第 7 章\设置图文混排效果.mp4	关键技术：	"段落文本换行"按钮

STEP 01 打开一个素材图形文件，在绘图页面中选择图形文件，如图 7-44 所示。

STEP 02 单击工具属性栏中的"段落文本换行"按钮 ，在弹出的面板中单击"轮廓图"选项区中的"跨式文本"按钮 ，如图 7-45 所示。

图 7-44 选择图形文件

图 7-45 单击"跨式文本"按钮

STEP 03 按【Enter】键进行确认，即可实现图文混排，调整其位置，效果如图 7-46 所示。

图 7-46 图文混排效果

实战范例——查找与替换文本

运用查找与替换功能，可以查找与设置相同的文本，并且可以将满足条件的文本对象替换为另一文本。

1. 查找文本

在 CorelDRAW X5 中，运用"查找文本"命令可以搜索特定的文本字符和具有特定属性的文本对象。

查找文本的具体操作步骤如下：

素　材：	素材\第 7 章\郁金香.cdr	效　果：	无
视　频：	视频\第 7 章\查找文本.mp4	关键技术：	"查找文本"命令

STEP 01 打开一个素材图形文件，如图 7-47 所示。

STEP 02 单击"编辑"|"查找和替换"|"查找文本"命令，弹出"查找文本"对话框，在"查找"文本框中输入 happy，如图 7-48 所示。

图 7-47　打开素材图形

图 7-48　弹出"查找文本"对话框

STEP 03 单击"查找下一个"按钮，即可查找到绘图页面的 happy 文本，效果如图 7-49 所示。

图 7-49　查找文本

2. 替换文本

运用替换功能可以将查找到的文本更改为指定的其他文本内容。

替换文本的具体操作步骤如下：

素　材：素材\第 7 章\郁金香.cdr	效　果：效果\第 7 章\郁金香 01.cdr
视　频：视频\第 7 章\替换文本.mp4	关键技术："替换文本"命令

STEP 01 打开素材图形后，单击"编辑"|"查找并替换"|"替换文本"命令，弹出"替换文本"对话框，在"查找"文本框中输入 happy，并在"替换为"文本框中输入 warm，如图 7-50 所示。

STEP 02 单击"替换"按钮，弹出"CorelDRAW X5"对话框，如图 7-51 所示。

图 7-50　输入文本

图 7-51　弹出"CorelDRAW X5"对话框

STEP 03 单击"确定"和"关闭"按钮，即可将文本中的 happy 替换为 warm，效果如图 7-52 所示。

图 7-52　替换文本

实战范例——插入特殊字符

插入特殊字符是将特殊字符作为文本对象或图形对象添加到文本中，CorelDRAW X5 提供了许多预设的字符，用户在进行作品设计时，可以非常方便地取用。

插入特殊字符的具体操作步骤如下：

素　材：素材\第 7 章\黄金手机.cdr	效　果：效果\第 7 章\黄金手机.cdr
视　频：视频\第 7 章\插入特殊字符.mp4	关键技术："插入字符"泊坞窗

STEP 01 按【Ctrl＋O】组合键，打开一幅素材图形文件，如图 7-53 所示。

STEP 02 单击"文本"|"插入符号字符"命令，弹出"插入字符"泊坞窗，在"字体"下拉列表框中选择 Wingdings 选项，在字符下拉列表框中选择需要插入的字符样式，如图 7-54 所示。

图 7-53　打开图形文件　　　　　　　　　　图 7-54　弹出"插入字符"泊坞窗

STEP 03 单击"插入"按钮，即可将选择的字符插入到绘图页面中，单击调色板中的白色色块，设置插入字符的颜色为白色，如图 7-55 所示。

STEP 04 将字符调整至合适大小和位置，即可完成插入字符的操作，效果如图 7-56 所示。

图 7-55　插入字符　　　　　　　　　　　　图 7-56　调整字符

🔍 **技巧点拨**

按键盘上的【Ctrl＋F11】组合键，也可以弹出"插入字符"泊坞窗。

⊞ 7.3　制作文本路径效果

用户在进行设计的过程中，可以将输入的文字按指定的路径进行排列，达到文字适合路径的效果，使作品更具观赏性。在 CorelDRAW X5 中，只有美术字文本可用于适合路径，段落文本不能用于制作路径文本。

实战范例——制作文本适合路径效果

在 CorelDRAW X5 中，创建文本路径效果的方法有多种，可以通过命令使文本适合路径，可以直接将文本填入路径，也可以通过拖曳鼠标使文本适合路径，下面将具体向读者进行讲解。

1. 通过命令使文本适合路径

制作文本适合路径效果的具体操作步骤如下：

素　材：	素材\第 7 章\女鞋广告.cdr	效　果：	效果\第 7 章\女鞋广告.cdr
视　频：	视频\第 7 章\通过命令使文本适合路径.mp4	关键技术：	"使文本适合路径"命令

STEP 01 单击"文件"|"打开"命令，打开一个素材图形文件，如图 7-57 所示。

STEP 02 运用工具箱中的贝塞尔工具，在绘图页面的合适位置绘制一条曲线路径，并设置曲线的轮廓线为白色，如图 7-58 所示。

图 7-57　打开素材图形文件

图 7-58　绘制曲线路径

STEP 03 选择工具箱中的文本工具，在绘图页面的合适位置输入文本"把美丽穿在脚上……"，并设置文本的"字体"为"方正粗倩简体"、"字号大小"为 24pt，并将文本的颜色更改为白色，如图 7-59 所示。

STEP 04 单击"文本"|"使文本适合路径"命令，如图 7-60 所示。

图 7-59　输入文本对象

图 7-60　单击相应的命令

STEP 05 将鼠标移至绘制的路径上，鼠标指针呈十字形，如图 7-61 所示。

STEP 06 在路径的合适位置单击鼠标左键，即可完成文本适合路径效果的制作，效果如图 7-62 所示。

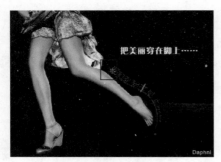

图 7-61　鼠标指针

图 7-62　文本适合路径

专家提醒

　　　　文本适合路径效果只适用于美术字，不适用于段落文本。用户在制作文本适合路径效果时，所选择的路径既可以是矢量图形，也可以是曲线。

2．直接将文本填入路径

　　直接将文本填入路径的操作方法最为简便，用户只需在创建的路径上直接输入文本内容即可。

　　直接将文本填入路径的具体操作步骤如下：

素　　材：	素材\第 7 章\企鹅.cdr	效　　果：	效果\第 7 章\企鹅.cdr
视　　频：	视频\第 7 章\直接将文本填入路径.mp4	关键技术：	文本工具

STEP 01 按【Ctrl＋O】组合键，打开一幅素材图形文件，选择工具箱中的文本工具 字，将鼠标移至绘图页面中路径的端点处，如图 7-63 所示。

STEP 02 单击鼠标左键，路径上显示闪烁的光标，如图 7-64 所示。

图 7-63　定位鼠标

图 7-64　显示闪烁光标

STEP 03 选择一种输入法，输入需要的文本内容，如图 7-65 所示。

STEP 04 选择输入的文本，在工具属性栏中设置"字体"、"字号大小"分别为"方正超粗黑简体"和 32pt，并在调色板中将路径的轮廓设置为无，效果如图 7-66 所示。

3．通过拖曳鼠标使文本适合路径

　　通过拖曳鼠标使文本适合路径，只需将美术字文本拖曳到创建的曲线路径上即可。

图 7-65 输入文本内容

图 7-66 设置文本属性

通过拖曳鼠标使文本适合路径的具体操作步骤如下：

	素　　材：	素材\第 7 章\企鹅 01.cdr	效　　果：	效果\第 7 章\企鹅 01.cdr
	视　　频：	视频\第 7 章\通过拖曳鼠标使文本适合路径.mp4	关键技术：	拖曳鼠标

STEP 01 按【Ctrl＋O】组合键，打开一幅素材图形文件，如图 7-67 所示。

STEP 02 运用挑选工具选择绘图页面中的美术字，单击鼠标右键并将美术字拖曳至曲线上，鼠标指针呈带十字的圆圈形状，如图 7-68 所示。

图 7-67 打开图形文件

图 7-68 拖曳鼠标

STEP 03 释放鼠标左键，弹出快捷菜单，选择"使文本适合路径"选项，如图 7-69 所示。

STEP 04 创建文本适合路径效果，并将路径的轮廓线设置为无，效果如图 7-70 所示。

图 7-69 选择"使文本适合路径"选项

图 7-70 创建文本路径效果

7.3.1 使文本适合闭合路径

用户可以使文本适合各种闭合路径，如多边形、椭圆、完美形状和矩形等，该功能适用于段落文本。

选取工具箱中的文本工具，将鼠标指针移至闭合曲线图形上靠近节点的位置，当鼠标指针呈图 7-71 所示的形状时，单击鼠标左键确定插入点，并在其属性栏中设置文本的字体和字号，然后在封闭的路径中输入文字即可，如图 7-72 所示。

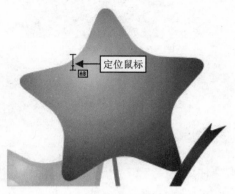

图 7-71　定位鼠标

图 7-72　输入文字

实战范例——编辑文字路径

对于创建的文本适合路径效果，用户可以根据需要在工具属性栏中设置文字方向、文本与路径的距离、文本的水平偏移和镜像文本等。

1. 更改文字方向

在工具属性栏的"文字方向"列表框中为用户提供了 5 种不同的预设文字方向。

更改文字方向的具体操作步骤如下：

素　材：	素材\第 7 章\美容广告.cdr	效　果：	效果\第 7 章\美容广告.cdr
视　频：	视频\第 7 章\更改文字方向.mp4	关键技术：	"文字方向"列表框

STEP 01 单击"文件"|"打开"命令，打开一个包含路径文字的图形文件，选择绘图页面中的路径文本，如图 7-73 所示。

STEP 02 单击工具属性栏中"文字方向"列表框右侧的下三角按钮，在弹出的列表框中选择第 5 种文字方向样式，如图 7-74 所示。

图 7-73　选择路径文本

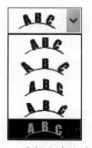

图 7-74　选择文字方向样式

STEP 03 更改绘图页面中选择路径文本的文字方向，效果如图 7-75 所示。

图 7-75 更改文字方向

2．调整文本与路径的距离

调整文本与路径的距离，可以通过在属性栏中的"与路径距离"数值框中进行相应设置来实现。

在绘图页面选择路径文本对象，如图 7-76 所示，在工具属性栏的"与路径距离"数值框中输入 10mm，按【Enter】键进行确认，即可调整文本与路径的距离，如图 7-77 所示。

图 7-76 选择路径文本

图 7-77 调整文本与路径的距离

3．镜像文本

通过镜像文本可以设置文本的水平镜像和垂直镜像。

选择绘图页面中的路径文本对象，如图 7-78 所示，然后单击工具属性栏中的"垂直镜像"按钮，即可垂直镜像文本对象，如图 7-79 所示。

图 7-78 选择路径文本

图 7-79 垂直镜像文本

7.3.2 分离文本与路径

创建文本路径效果后，文本与路径是一个整体，移动文本时，路径会随之一起移动，反之，移动路径时，文本也会一起移动。此时，用户可将文本与路径进行分离，以对其进行单独的编辑。

按【Ctrl＋O】组合键，打开一幅素材图形文件，如图 7-80 所示。运用挑选工具选择绘图页面中的路径文本效果，单击"排列"|"打散在一路径上的文本"命令，即可将文本与路径进行分离，选择分离后的路径，按【Delete】键将其删除，效果如图 7-81 所示。

图 7-80　打开图形文件

图 7-81　分离文本与路径

🔍 **技巧点拨**

将文本与路径分离后，选择文本，单击"文本"|"矫正文本"命令，可将沿路径排列的文本恢复到原始状态。

■ 7.4　转换文本对象

在 CorelDRAW X5 中，美术字与段落文本之间可以相互转换，即美术字文本可以转换成段落文本，段落文本也可以转换成美术字文本，而且美术字文本还可以转换成曲线，用户可以将其作为曲线图形进行编辑。

实战范例——将美术字转换为段落文本

美术字与段落文本之间的属性存在区别，有的效果运用美术字可以制作出来，而运用段落文本却制作不出来，如文字适合路径效果；有的效果运用段落文本可以制作出来，而运用美术字却制作不出来，如文本环绕效果。

美术字转换为段落文本的具体操作步骤如下：

	素　　材：	素材\第 7 章\按钮.cdr	效　　果：	效果\第 7 章\按钮.cdr
DVD	视　　频：	视频\第 7 章\将美术字转换为段落文本.mp4	关键技术：	"转换到段落文本"选项

STEP 01 按【Ctrl＋O】组合键，打开一幅素材图形文件，运用挑选工具选择绘图页面中的

美术字文本，如图 7-82 所示。

STEP 02　单击鼠标右键，在弹出的快捷菜单中选择"转换到段落文本"选项，即可将美术字转换成段落文本，效果如图 7-83 所示。

图 7-82　打开图形文件

图 7-83　转换美术字为段落文本

专家提醒

　　　　将段落文本转换成美术字文本的方法与美术字转换成段落文本的方法类似，这里不再赘述，且通过按【Ctrl + F8】组合键，可以快速将美术字转换成段落文本，或是将段落文本转换成美术字。

实战范例——将文本转换为曲线

　　文本对象可以设置一种字体，在进行图形设计时，字体库中的字体可能并不能满足用户的需求，此时，用户可以将文本转换为曲线，将文本作为图形对象进行编辑，可任意改变字体的形状。

　　将文本转换为曲线的具体操作步骤如下：

素　　材：	素材\第 7 章\女鞋广告 01.cdr	效　　果：	效果\第 7 章\女鞋广告 01.cdr
视　　频：	视频\第 7 章\将文本转换为曲线.mp4	关键技术：	转换为曲线"选项

STEP 01　在绘图页面中选择需要转换为曲线的文本对象，如图 7-84 所示。

STEP 02　单击鼠标右键，在弹出的快捷菜单中选择"转换为曲线"选项，如图 7-85 所示。

图 7-84　选择文本对象

图 7-85　选择"转换为曲线"选项

STEP 03　将选择的文本对象转换为曲线，如图 7-86 所示。

STEP 04　运用工具箱中的形状工具调整曲线文本的形状，效果如图 7-87 所示。

图 7-86　将文本转换为曲线

图 7-87　调整文本形状

实战范例——转换文本的大小写

在 CorelDRAW X5 中，可以非常方便地改变字母的大小写。

转换文本大小写的具体操作步骤如下：

素　材：	素材\第 7 章\女鞋广告 01.cdr	效　果：	效果\第 7 章\女鞋广告 01.cdr
视　频：	视频\第 7 章\转换文本大小写.mp4	关键技术：	"更改大小写"命令

STEP 01　按【Ctrl＋O】组合键，打开一幅素材图形文件，如图 7-88 所示。

STEP 02　运用挑选工具选择绘图页面中的英文文本，单击"文本"|"更改大小写"命令，弹出"改变大小写"对话框，如图 7-89 所示，选中"首字母大写"单选按钮。

图 7-88　打开图形文件

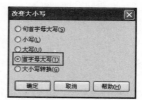

图 7-89　弹出"改变大小写"对话框

STEP 03　单击"确定"按钮，即可将每个英文字母的首字母设置为大写，效果如图 7-90 所示。

图 7-90　设置首字母为大写

7.5　本章小结

　　在 CorelDRAW X5 中除了可以进行常规的文本输入和编辑外，还可以进行复杂的特殊文本处理。在其中输入的文字分为美术文字和段落文本两种类型，结合使用文本工具和键盘可以制作各种文字效果。本章主要向读者介绍了输入与编辑文字、制作文字特殊效果、添加文本封套效果、设置段落文本属性、插入特殊字符以及制作文本路径效果等，还向读者介绍了转换文本对象的操作方法。

7.6　习题测试

一、填空题

　　（1）美术文本可以直接在绘图页面中添加，分为＿＿＿＿＿＿和＿＿＿＿＿＿两种。

　　（2）文本适合路径效果只适用于＿＿＿＿＿＿，不适用于段落文本。用户在制作文本适合路径效果时，所选择的路径既可以是＿＿＿＿＿＿，也可以是曲线。

　　（3）段落文本与美术字相互转换的快捷键是＿＿＿＿＿＿。

　　（4）在 CorelDRAW X5 中，文本编排的默认方式是＿＿＿＿＿＿排列。

　　（5）插入特殊字符是将＿＿＿＿＿＿作为文本对象或图形对象添加到文本中的。

二、操作题

　　（1）运用所学知识将素材图片中的美术字文本转换为曲线，如图 7-91 所示。

　　（2）运用所学知识为素材图片设置图文混排效果，如图 7-92 所示。

图 7-91　将文本转换为曲线的前后效果

图 7-92　为图形对象添加图文混排的前后效果

第 **8** 章　制作对象特殊效果

　　CorelDRAW X5 为用户提供了许多用于为图形对象添加特殊效果的工具，在 CorelDRAW X5 中不仅可以绘制精美、漂亮的图形，而且还可以为图形添加各种交互式特效。本章主要向读者介绍使用艺术笔工具、创建调和与轮廓效果、创建交互式透明效果和创建变形与阴影效果等。

 本章重点

- 使用艺术笔工具
- 调和与轮廓效果
- 交互式透明效果
- 变形与阴影效果
- 封套与立体化效果
- 透镜与透视效果

 实例效果欣赏

 视频演示

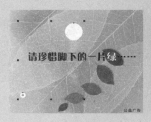

8.1 使用艺术笔工具

艺术笔工具是一种特殊的线型绘图工具，在其属性栏中共有 5 种模式，预设、画笔、喷灌、书法和压力。使用这些样式可以制作带箭头的笔触和图案的笔触等。在绘制画笔笔触时，可以设置笔触的属性。

8.1.1 应用预设模式

运用艺术笔工具的预设艺术笔来绘制的轮廓形状，就像写毛笔书法一样，用户可以使用该艺术笔样式绘制任何形态的图形。

选取工具箱中的艺术笔工具 ，单击其属性栏中的"预设"按钮 ，并在"手绘平滑"文本框中输入相应值。将鼠标移至绘图页面的合适位置，单击鼠标左键并拖动，会出现一条笔触图形的轮廓，当对形状满意时，释放鼠标左键，即可绘制出预设线条。图 8-1 所示为运用"预设"模式艺术画笔绘制的彩带效果。

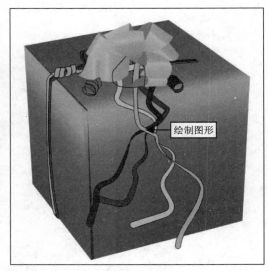

绘制图形

图 8-1 运用"预设"艺术笔工具绘制的图形

专家提醒　　若要修改线条宽度，可以在属性栏上的"艺术笔工具宽度"微调框中输入相应值，也可以在下拉列表中选择相应的笔触形状，绘制不同的艺术笔图形。

8.1.2 画笔模式

使用画笔艺术笔样式可以绘制线条像图案一样的效果，并可以在其属性栏中设置其不同的笔刷和笔触图案。

选取工具箱中的艺术笔工具，单击其属性栏中的"画笔"按钮，并设置各个参数，将光标移至绘图页面的合适位置，按住鼠标左键的同时并拖动至合适大小，释放鼠标，即可绘制画笔形状。图 8-2 所示为运用画笔模式绘制的箭头形状。

图 8-2　运用画笔艺术笔工具绘制箭头

8.1.3　喷灌模式

使用喷罐模式艺术笔工具，可以在所绘制的路径周围均匀绘制喷罐器中的图案，并可以调整喷灌图案中对象之间的间距，控制喷涂线条的显示方式，还可以对对象进行旋转和偏移等操作。

选取工具箱中的艺术笔工具，单击其属性栏中的"喷灌"按钮，在"预设下拉列表"中选择喷涂图案，然后设置各个参数，将鼠标指针移至绘图页面的合适位置，按住鼠标左键的同时并拖动鼠标至合适大小，即可绘制喷涂图案。图 8-3 所示为运用喷灌工具绘制图案，并调整其大小位置后的效果。

图 8-3　运用喷灌艺术笔工具绘制的图形

8.1.4　书法模式

使用书法型艺术笔工具可以绘制出像书法笔画一样的轮廓线条。

选取工具箱中的艺术笔工具，单击其属性栏上的"书法"按钮，将属性切换为"书法"属性栏，并设置各个参数，在绘图页面的合适位置单击鼠标左键并拖动，即可绘制艺术笔图形。图 8-4 所示为运用书法模式艺术笔绘制的字型，并填充颜色后的效果。

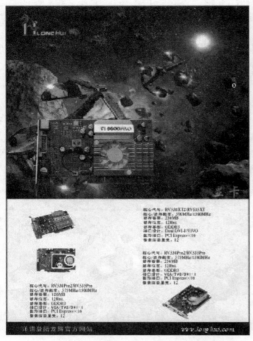

图 8-4　使用书法艺术笔绘制的图形

8.1.5　压力模式

运用该模式的艺术笔，需要结合使用压力笔或者按键盘上的上、下键来绘制路径，笔触的粗细完全由用户握笔的压力大小和键盘上的反馈信息来决定。

选择工具箱中的艺术笔工具，单击工具属性栏中的"压力"按钮 ，将鼠标移至绘图页面中的合适位置，单击鼠标左键并拖曳，同时按键盘上的上、下键来控制画笔压力，拖曳至合适的位置后释放鼠标，即可绘制"压力"模式下的线条，如图 8-5 所示，然后在调色板中设置线条的"填充"为绿色、"轮廓"为无，如图 8-6 所示。

图 8-5　绘制线条　　　　　　　　　　　图 8-6　填充线条颜色

8.2 调和与轮廓效果

调和工具是针对外框变形的工具，它是通过形状和颜色的渐变，使一个对象变换成另一对象来创建特殊效果。轮廓图效果是指为对象创建同心轮廓线效果，可以使用交互式轮廓图工具创建轮廓图效果。

实战范例——创建调和效果

使用交互式调和工具可以将一个图形过渡到另一个图形，并在这两个图形之间创建出多个介于这两个图形之间状态的图形，形成形状与颜色的过渡渐变效果。在 CorelDRAW X5 中，用户可根据需要创建直线调和、沿路径调和以及复合调和等效果。

1. 直线调和效果

直线调和效果就是在两个对象之间产生的调和对象沿着直线渐变。

创建直线调和效果的具体操作步骤如下：

素　　材：	素材\第 8 章\高跟鞋.cdr	效　　果：	效果\第 8 章\高跟鞋.cdr
视　　频：	视频\第 8 章\直线调和效果.mp4	关键技术：	交互式调和工具

STEP 01 单击"文件"|"打开"命令，打开一个素材图形文件，如图 8-6 所示。

STEP 02 选择工具箱中的交互式调和工具，将鼠标移至绘图页面中的白色正圆上，如图 8-7 所示。

图 8-6 打开图形文件

图 8-7 定位鼠标

STEP 03 单击鼠标左键并向下拖曳，如图 8-8 所示。

STEP 04 至合适的位置后释放鼠标，即可制作直线调和效果，效果如图 8-9 所示。

图 8-8　拖曳鼠标

图 8-9　制作直线调和效果

2．沿路径调和效果

创建直线调和后，还可以将该效果沿特定路径进行调和。

创建沿路径调和效果的具体操作步骤如下：

	素　　材：素材\第 8 章\高跟鞋 01.cdr	效　　果：效果\第 8 章\高跟鞋 01.cdr
	视　　频：视频\第 8 章\沿路径调和效果.mp4	关键技术：交互式调和工具

STEP 01 单击"文件"|"打开"命令，打开一个素材图形文件，如图 8-10 所示。

STEP 02 选择工具箱中的交互式调和工具，将鼠标移至大圆图形的白色图形上，按住【Alt】键的同时，单击鼠标左键并拖曳，绘制一条曲线路径，如图 8-11 所示。

图 8-10　打开图形文件

图 8-11　拖曳曲线路径

STEP 03 拖曳至小圆的白色图形上后，释放鼠标左键，即可创建沿路径调和效果，效果如图 8-12 所示。

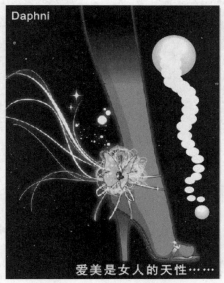

图 8-12 沿路径调和效果

3．复合调和效果

复合调和效果就是创建多个对象之间的调和效果。

创建复合调和效果的具体操作步骤如下：

素 材：	素材\第 8 章\情人节.cdr	效 果：	效果\第 8 章\情人节.cdr
视 频：	视频\第 8 章\复合调和效果.mp4	关键技术：	调和工具

STEP 01 单击"文件"|"打开"命令，打开一幅素材图形文件，如图 8-13 所示。

STEP 02 选择调和工具，将鼠标移至橘色的心形图形上，单击鼠标左键并拖曳至星星图形上，至合适位置后释放鼠标左键，创建调和效果，如图 8-14 所示。

图 8-13 打开图形文件

图 8-14 创建调和效果

STEP 03 将鼠标移至红色的心形图形上，单击鼠标左键并拖曳至星星图形上，如图 8-15 所示。

STEP 04 至合适位置后释放鼠标左键，即可创建复合调和效果，效果如图 8-16 所示。

图 8-15 拖曳鼠标

图 8-16 创建复合调和效果

8.2.1 调整调和效果

在绘图页面中创建调和效果后，用户还可对调和效果的步数、颜色等进行设置，并可根据需要对调和后的图形进行旋转。

1．调整调和步数

通过调整调和步数可以更改调和效果中对象的数量，调和的步数越小，调和对象的数量就越少，对象之间的间距就越大；相反，调和步数越大，调和对象的数量就越多，对象间的间距就越小。

打开一个素材图形文件，运用挑选工具选择绘图页面中的调和图形对象，如图 8-17 所示。在工具属性栏的"步长或调和形状之间的偏移量"数值框中输入 10，然后按【Enter】键进行确认，即可调整对象的步数，如图 8-18 所示。

图 8-17 选择图形对象

图 8-18 调整调和步数

技巧点拨

选择需要调整步长的调和对象图形后，单击"窗口"|"泊坞窗"|"调和"命令，打开"调和"泊坞窗，在"步长"数值框中输入相应的参数，也可设置调和对象的步长值。

2．设置调和颜色

通过单击工具属性栏中的"直接调和"按钮、"顺时针调和"按钮以及"逆时针调和"按钮 🔳，都可设置调和对象的颜色。

单击"窗口"|"泊坞窗"|"调和"命令，弹出"混合"泊坞窗，单击"调和颜色"选项卡，如图 8-19 所示，在该泊坞窗中有 3 种选项按钮，分别为线路径、顺时针路径和逆时针路径，单击相应的选项按钮，单击"应用"按钮，改变调和对象颜色，如图 8-20 所示。

图 8-19　弹出"调和颜色"选项卡

图 8-20　设置调和对象颜色效果

技巧点拨

选择调和对象后，打开"混合"泊坞窗，通过泊坞窗中的"调和颜色"选项卡，可以设置不同颜色的调和效果。

3．旋转调和对象

在 CorelDRAW X5 中，可以将调和效果的全部对象进行旋转，调和效果中的所有对象都转向中心。

在绘图页面中选择调和图形对象，单击工具属性栏中的"杂项调和选项"按钮 🔳，在弹出的面板中选中"旋转全部对象"复选框，如图 8-21 所示，即可将调和对象中的所有图形对象进行旋转，如图 8-22 所示。

图 8-21　选中复选框

图 8-22　旋转调和对象

实战范例——拆分调和效果

通过拆分调和对象效果可以将调和效果中产生的图形拆分出来，将一段调和效果拆分成两段调和效果。

拆分调和效果的具体操作步骤如下：

素　　材：	素材\第 8 章\绿叶.cdr		效　　果：	效果\第 8 章\绿叶.cdr	
视　　频：	视频\第 8 章\拆分调和效果.mp4		关键技术：	"杂项调和选项" 按钮	

STEP 01 打开一个素材图形文件，选择绘图页面中的调和对象，如图 8-23 所示。

STEP 02 单击工具属性栏中的"多项调和选项"按钮，在弹出的面板中单击"拆分"按钮，如图 8-24 所示。

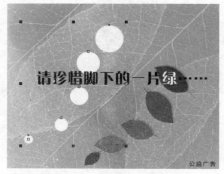

图 8-23　选择调和对象

图 8-24　单击"拆分"按钮

STEP 03 鼠标指针即变成一个弯曲的箭头形状，将鼠标移至调和图形上，如图 8-25 所示。

STEP 04 单击鼠标左键，拆分调和效果，然后运用工具箱中的挑选工具调整图形的位置，效果如图 8-26 所示。

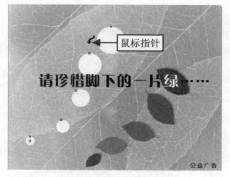

图 8-25　变形鼠标指针

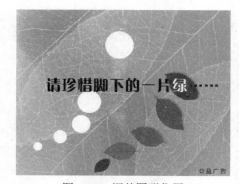

图 8-26　调整图形位置

8.2.2　复制调和效果

在绘图页面中创建的调和效果跟图形对象一样，同样可以进行复制操作。

在绘图页面中选择需要复制的调和效果，如图 8-27 所示。单击"编辑"|"复制"命令，然后单击"编辑"|"粘贴"命令，运用工具箱中的挑选工具将粘贴后的调和对象移至合适的位置，如图 8-28 所示。

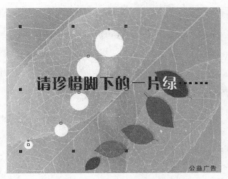

图 8-27　选择调和效果

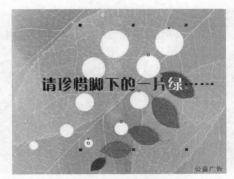

图 8-28　复制调和效果

8.2.3　清除调和效果

对于创建的调和效果，若不再需要，则可以将其清除。

在绘图页面中选择需要清除调和效果的调和对象，如图 8-29 所示。单击"效果"|"清除调和"命令，即可清除图形对象的调和效果，如图 8-30 所示。

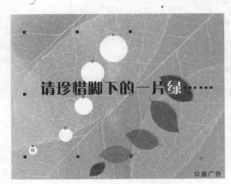

图 8-29　选择调和效果

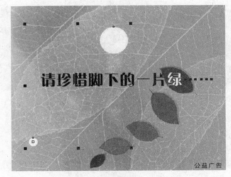

图 8-30　清除调和效果

实战范例——改变调和的终止位置

在建立调和效果时，先绘制的是起点对象，后绘制的是终点对象，用户可以根据需要将终点对象更换为另一个对象。

改变调和终止位置的具体操作步骤如下：

	素　　材：	素材\第 8 章\周年庆.cdr	效　　果：	效果\第 8 章\周年庆.cdr
	视　　频：	视频\第 8 章\改变调和的终止位置.mp4	关键技术：	"起始和结束对象属性"按钮

STEP 01　单击"文件"|"打开"命令，打开一幅素材图形文件，如图 8-31 所示。

STEP 02　运用挑选工具选择绘图页面中的调和对象，单击工具属性栏中的"起始和结束对象属性"按钮，在弹出的列表框中选择"新终点"选项，如图 8-32 所示。

图 8-31　打开图形文件

图 8-32　选择"新终点"选项

STEP 03　鼠标指针呈向左的黑色箭头形状，将鼠标移至新的终点对象上，如图 8-33 所示。

STEP 04　单击鼠标左键，即可改变调和对象的终止位置，效果如图 8-34 所示。

图 8-33　定位鼠标

图 8-34　更改终止位置

8.2.4　改变调和的起始位置

建立调和效果后，用户也可以根据需要改变其起始位置。

单击工具属性栏中的"起始和结束对象属性"按钮，在弹出的列表框中选择"新起点"选项，鼠标指针呈向右的黑色箭头形状，将鼠标移至新的起点对象上，如图 8-35 所示。单击鼠标左键，即可改变调和对象的起始位置，效果如图 8-36 所示。

图 8-35　定位鼠标

图 8-36　更改起始位置

实战范例——交互式轮廓效果

轮廓图效果可以为对象增加向内、向外或到中心的同心轮廓线效果，但这种效果只能作用于一个图形。

1. 创建轮廓图

使用工具箱中的交互式轮廓图工具，可以为图形对象添加轮廓图效果。

创建轮廓图的具体操作步骤如下：

素　材：	素材\第 8 章\震撼周年庆.cdr	效　果：	效果\第 8 章\震撼周年庆.cdr
视　频：	视频\第 8 章\创建轮廓图.mp4	关键技术：	交互式轮廓图工具

STEP 01 单击"文件"|"打开"命令，打开一幅素材图形文件，如图 8-37 所示。

STEP 02 选择工具箱中的交互式轮廓图工具，将鼠标移至绘图页面中需要创建轮廓图的文字的右下角，按住鼠标左键并向右下角拖曳，如图 8-38 所示。

图 8-37　打开图形文件

图 8-38　拖曳鼠标

STEP 03 至合适位置后释放鼠标左键，即可创建轮廓图效果，效果如图 8-39 所示。

图 8-39　创建轮廓图效果

2. 设置步长值

设置步长值就是设置轮廓图效果中对象的数量。轮廓图的步长越少，对象之间的间距就越大，反之则越小。

单击"文件"|"打开"命令，打开一个创建了轮廓图效果的图形文件，如图 8-40 所示。选择轮廓图对象，在工具属性栏的"轮廓图步长"数值框中输入 4，按【Enter】键进行确认，即可完成轮廓图步长值的设置，如图 8-41 所示。

图 8-40　打开图形文件

图 8-41　设置步长值

3．设置偏移量

通过设置轮廓图的偏移量，可以改变轮廓图效果的间距。

单击"文件"|"打开"命令，打开一幅创建了轮廓图效果的素材图形文件，如图 8-42 所示。选择轮廓图对象，在工具属性栏的"轮廓图偏移"数值框中输入 4，按【Enter】键进行确认，即可完成轮廓图偏移量的设置，效果如图 8-43 所示。

图 8-42　打开图形文件

图 8-43　设置偏移量

4．设置填充色

通过工具属性栏中的"填充色"按钮，可以更改轮廓图对象的填充颜色。

选择轮廓图对象，再单击工具属性栏中的"填充色"右侧的下拉按钮，在弹出的下拉列表框中选择蓝色，如图 8-44 所示。操作完成后，即可将轮廓图对象的填充色设置为蓝色，效果如图 8-45 所示。

图 8-44　选择颜色

图 8-45　设置填充色

5．拆分轮廓图

拆分轮廓图后，用户可根据需要将拆分后的图形对象调整至合适的位置或大小。

运用挑选工具选择需要进行拆分的轮廓图对象，单击"排列"|"拆分轮廓图群组"命令，如图 8-46 所示。操作完成后，即可拆分轮廓图，选择拆分后的轮廓，将其调整其合适位置和大小，效果如图 8-47 所示。

图 8-46　单击"拆分轮廓图群组"命令

图 8-47　拆分并调整轮廓

实战范例——复制轮廓图属性

通过复制轮廓图可以将画面中已经设置完毕的轮廓图效果参数复制到选择的对象上。

复制轮廓图属性的具体操作步骤如下：

素　材：	素材\第 8 章\艺术.cdr	效　果：	效果\第 8 章\艺术.cdr
视　频：	视频\第 8 章\复制轮廓图属性.mp4	关键技术：	"轮廓图自"命令

STEP 01 在绘图页面中选择 NEW 文本，如图 8-48 所示。

STEP 02 单击"效果"|"复制效果"|"轮廓图自"命令，如图 8-49 中所示。

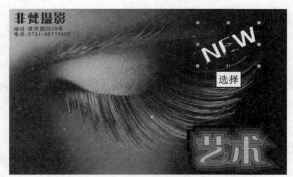

图 8-48　选择文本对象

图 8-49　单击相应的命令

STEP 03 鼠标指针呈箭头状，将鼠标移至"艺术"文本的轮廓图上，如图 8-50 所示。

STEP 04 单击鼠标左键，即可复制轮廓图的属性，效果如图 8-51 所示。

图 8-50　鼠标指针

图 8-51　复制轮廓图属性

8.2.5　清除轮廓图效果

将线条、美术字或图形创建轮廓图效果后，同样也可以将轮廓图效果清除。

选择需要清除轮廓图效果的图形对象，如图 8-52 所示。单击工具属性栏中的"清除轮廓"按钮，即可将图形对象的轮廓图清除，效果如图 8-53 所示。

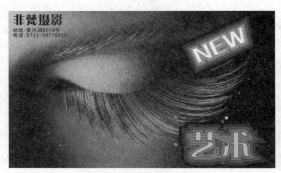

图 8-52　选择图形对象

图 8-53　清除轮廓图效果

8.3　交互式透明效果

使用交互式透明工具 ，可以将透明度应用于图形对象的填充或轮廓线上，从而显示出透明对象后面的对象。用户可以为图形对象添加标准透明效果、渐变透明效果、图样透明效果轮廓、底纹透明效果、冻结透明效果，还可以复制透明效果以及清除透明效果。

实战范例——添加标准透明效果

标准透明效果是一种最为简单的透明效果，可以让图形产生类似于透明玻璃的效果。

添加标准透明效果的具体操作步骤如下：

	素　　材：	素材\第 8 章\阴谋与爱情.cdr	效　　果：	效果\第 8 章\阴谋与爱情.cdr
	视　　频：	视频\第 8 章\添加标准透明效果.mp4	关键技术：	"标准"选项

STEP 01 打开一个素材图形文件，如图 8-54 所示。

STEP 02 双击工具箱中的矩形工具，绘制一个与页面相同大小的矩形，设置图形的"填充"和"轮廓"都为白色，如图 8-55 所示。

图 8-54　打开图形文件

图 8-55　绘制与设置矩形

STEP 03 选择工具箱中的交互式透明工具，单击工具属性栏中"透明度类型"列表框右侧的下三角按钮，在弹出的列表框中选择"标准"选项，如图 8-56 所示。

STEP 04 操作完成后，即可为图形文件添加标准透明度效果，效果如图 8-57 所示。

图 8-56　选择"标准"选项

图 8-57　添加标准透明度效果

专家提醒

　　标准透明效果默认的透明度为 50%，用户可根据需要在工具属性栏中对"开始透明度"和"透明度目标"等选项进行相应的设置。

实战范例——渐变透明效果

渐变透明效果分为 4 种类型，分别为线性、射线、圆锥和方角。

渐变透明效果的具体操作步骤如下：

素　材：	素材\第 8 章\弗洛厨具.cdr	效　果：	效果\第 8 章\弗洛厨具.cdr
视　频：	视频\第 8 章\渐变透明效果.mp4	关键技术：	"辐射"选项

STEP 01 单击"文件"|"打开"命令，打开一幅素材图形文件，如图 8-58 所示。

STEP 02 运用挑选工具选择需要添加渐变透明效果的图形对象，选择工具箱中的交互式透明工具，单击工具属性栏中的 "透明度类型" 下拉按钮，在弹出的列表框中选择 "辐射" 选项，即可创建渐变透明效果，且会显示透明度控制条，如图 8-59 所示。

图 8-58　打开图形文件

图 8-59　创建渐变透明效果

STEP 03 将鼠标移至起点控制柄上□，按住鼠标左键并向终点控制柄■拖曳，如图 8-60 所示。

STEP 04 至合适位置后释放鼠标左键，即可调整渐变透明效果，效果如图 8-61 所示。

图 8-60　拖曳鼠标

图 8-61　调整渐变透明效果

实战范例——图样透明效果

图样透明效果分为 3 种类型，分别为双色图样、全色图样和位图图样。

添加图样透明效果的具体操作步骤如下：

素　　材：	素材\第 8 章\弗洛厨具胸卡.cdr	效　　果：	效果\第 8 章\弗洛厨具胸卡.cdr
视　　频：	视频\第 8 章\图样透明效果.mp4	关键技术：	"双色图样" 选项

STEP 01 单击 "文件" | "打开" 命令，打开一幅素材图形文件，如图 8-62 所示。

STEP 02 选择工具箱中的交互式透明工具，在需要添加图样透明效果的图形上单击鼠标左键，单击工具属性栏中的 "透明度类型" 下拉按钮，在弹出的列表框中选择 "双色图样" 选项，单击 "第一种透明度挑选器" 下拉按钮，在弹出的下拉列表框中选择样式，如图 8-63

所示。

图 8-62　打开图形文件

图 8-63　选择图样样式

STEP 03 操作完成后，即可为图形添加图样透明效果，如图 8-64 所示。

STEP 04 用同样的方法，为绘图页面中的其他对象添加相同的图样透明效果，效果如图 8-65 所示。

图 8-64　添加图样透明效果

图 8-65　为其他对象添加图样透明效果

实战范例——底纹透明效果

底纹透明与图案透明类似，运用底纹透明效果可以制作出非常精美的透明效果。

添加底纹透明效果的具体操作步骤如下：

素　　材：	素材\第 8 章\弗洛厨具礼品袋.cdr	效　　果：	效果\第 8 章\弗洛厨具礼品袋.cdr
视　　频：	视频\第 8 章\底纹透明效果.mp4	关键技术：	"底纹"选项

STEP 01 单击"文件"|"打开"命令，打开一幅素材图形文件，如图 8-66 所示。

STEP 02 运用挑选工具选择绘图页面中需要添加底纹透明效果的图形对象，选择工具箱中的交互式透明工具，单击工具属性栏中的"透明度类型"下拉按钮，在弹出的列表框中选择"底纹"选项，即可添加底纹透明效果，如图 8-67 所示。

图 8-66　打开图形文件

图 8-67　添加底纹透明效果

STEP 03　单击"第一种透明度挑选器"下拉按钮，在弹出的下拉列表框中选择第 2 排第 2 种底纹样式，如图 8-68 所示。

STEP 04　操作完成后，即可更改底纹透明效果的样式，效果如图 8-69 所示。

图 8-68　选择底纹样式

图 8-69　更改底纹透明样式

实战范例——冻结透明效果

运用冻结功能，可以将图形内的透明内容冻结到图形表面，移动透明图形时，表面的冻结内容也会产生变化。

冻结透明效果的具体操作步骤如下：

素　　材：	素材\第 8 章\金冬欢歌.cdr	效　　果：	效果\第 8 章\金冬欢歌.cdr
视　　频：	视频\第 8 章\冻结透明效果.mp4	关键技术：	"冻结"按钮

STEP 01　打开一个素材图形文件，在绘图页面中选择透明的矩形条，选择工具箱中的交互式透明工具，如图 8-70 所示。

STEP 02 单击工具属性栏中的"冻结"按钮▦，即可将透明矩形条进行冻结，如图 8-71 所示。

图 8-70　选择矩形条

图 8-71　冻结矩形条

STEP 03 按键盘上的向右键【→】，使画面产生错位的效果，如图 8-72 所示。

STEP 04 用同样的方法，冻结其他的矩形条，并将其移至合适的位置，效果如图 8-73 所示。

图 8-72　调整图形位置

图 8-73　冻结其他图形

实战范例——复制透明效果

在 CorelDRAW X5 中，冻结的透明效果也可以进行复制操作，达到美化图形的目的，使制作的图形效果更佳。

复制透明效果的具体操作步骤如下：

	素　材：	素材\第 8 章\金冬欢歌 01.cdr	效　果：	效果\第 8 章\金冬欢歌 01.cdr
	视　频：	视频\第 8 章\复制透明效果.mp4	关键技术：	"透镜自"命令

STEP 01 在绘图页面绘制一个合适大小的矩形条，如图 8-74 所示。

STEP 02 单击"效果"|"复制效果"|"透镜自"命令，如图 8-75 所示。

STEP 03 将鼠标移至绘图页面中冻结的透明矩形条上，鼠标指针呈箭头状，如图 8-76 所示。

STEP 04 单击鼠标左键，即可复制透明效果，效果如图 8-77 所示。

图 8-74　绘制矩形条

图 8-75　单击相应的命令

图 8-76　定位鼠标

图 8-77　复制透明效果

清除透明效果

　　在 CorelDRAW X5 中，对于已经添加了透明效果的图形对象，用户可自行将不再需要的透明效果清除。

　　在绘图页面中选择需要清除透明效果的矩形条，然后选择工具箱中的交互式透明工具，如图 8-78 所示，单击工具属性栏中的"清除透明度"按钮⊗，即可将选择图形对象的透明度效果清除，效果如图 8-79 所示。

图 8-78　选择矩形条

图 8-79　清除透明效果

8.4　变形与阴影效果

　　使用交互式变形工具可以快速改变图形对象的外观，用户使用该工具能够方便地对图形对象进行变形。交互式阴影效果是使用频率较高的一种特效，使用工具箱中的交互式阴影工具，可以快速给图形添加阴影效果，设置阴影的透明度、角度、位置、颜色和羽化程度等，从而增强绘图的立体光影效果。在 CorelDRAW X5 中，图形、文字、段落文本以及位图等图形对象都可以添加阴影效果。

实战范例——应用变形效果

变形效果分为推拉变形、扭曲变形和压缩器变形，将这 3 种变形方式相互配合，可以得到变化无穷的变形效果。

1．推拉变形

运用推拉变形可以推进对象的边缘或者拉出对象的边缘。

应用推拉变形的具体操作步骤如下：

素　材：	素材\第 8 章\海滩.cdr	效　果：	效果\第 8 章\海滩.cdr
视　频：	视频\第 8 章\应用推拉变形.mp4	关键技术：	"推拉变形"按钮

STEP 01 打开一个素材图形文件，选择绘图页面中的红色文本，如图 8-80 所示。

STEP 02 选择工具箱中的交互式变形工具，在工具属性栏中单击"推拉变形"按钮，将鼠标移至选择的红色文本上，如图 8-81 所示。

图 8-80　选择红色文本

图 8-81　定位鼠标

STEP 03 单击鼠标左键并向右上角拖曳，如图 8-82 所示。

STEP 04 至合适的位置后释放鼠标左键，即可变形文本对象，效果如图 8-83 所示。

图 8-82　拖曳鼠标

图 8-83　变形文本对象

专家
提醒

当用户在图形中创建艺术字特效时，可以应用变形功能对文本进行变形操作，突出显示文本。

2．拉链变形

运用拉链变形可以将锯齿效果应用于对象的边缘，用户可根据需要调整效果的振幅和频率。

选择绘图页面中的红色文本对象，并选择工具箱中的交互式变形工具，单击工具属性栏中的"拉链变形"按钮，将鼠标移至红色文本上，单击鼠标左键并向右上角拖曳，如图 8-84 所示。至合适的位置后释放鼠标左键，即可变形文本对象，效果如图 8-85 所示。

图 8-84　拖曳鼠标

图 8-85　变形文本对象

3．扭曲变形

扭曲变形是将对象进行旋转，以创建旋涡效果，用户可以设置旋涡的方向、旋转原点、旋转角度以及旋转量。

选择交互式变形工具，单击工具属性栏中的"扭曲变形"按钮，在需要扭曲变形的对象上单击鼠标左键，将鼠标移至合适的节点上，按住鼠标左键并向左下角拖曳，如图 8-86 所示。至合适位置后释放鼠标左键，即可扭曲变形图形对象，效果如图 8-87 所示。

图 8-86　拖曳鼠标

图 8-87　扭曲变形

8.4.1　调整变形效果

用户在给图形对象添加变形效果后，如果变形效果并不是很完美，则可以使用交互式变形工具和工具属性栏来调整变形效果。

单击"文件"|"打开"命令，打开一幅素材图形文件，选择工具箱中的交互式变形工具，在需要进行调整的变形图形上单击鼠标左键，如图 8-88 所示。在工具属性栏的"拉链失真振幅"、"拉链失真频率"数值框中分别输入 25 和 10，按【Enter】键进行确认，即可调整图形的变形效果，效果如图 8-89 所示。

　　选择变形对象，单击属性栏中的"添加变形"按钮 ，即可以变形的对象再次添加变形效果。

图 8-88　打开图形文件　　　　　　　　　　图 8-89　调整变形效果

实战范例——复制变形效果

　　通过复制变形效果的属性，可以将一个对象的交互式变形效果应用于其他对象上。

　　复制变形效果的具体操作步骤如下：

素　　材：素材\第 8 章\福.cdr	效　　果：效果\第 8 章\福.cdr
视　　频：视频\第 8 章\复制变形效果.mp4	关键技术："变形至"命令

STEP 01　单击"文件"|"打开"命令，打开一幅素材图形文件，如图 8-90 所示。

STEP 02　运用挑选工具选择绘图页面右下角的五边形，单击"效果"|"复制效果"|"变形自"命令，如图 8-91 所示。

图 8-90　打开图形文件　　　　　　　　　图 8-91　单击相应的命令

STEP 03　此时鼠标指针呈黑色的箭头形状，将鼠标移至变形了的图形对象上，如图 8-92 所示。

STEP 04　单击鼠标左键，即可复制变形效果，效果如图 8-93 所示。

图 8-92　定位鼠标

图 8-93　复制变形效果

专家
提醒

选择工具箱中的交互式变形工具，在需要应用变形效果的图形对象上单击鼠标左键，然后单击工具属性栏中的"复制变形属性"按钮 ，即可快速复制变形效果。

实战范例——添加阴影效果

运用交互式阴影工具可以为对象添加阴影效果，也可从属性栏中选择预设的阴影样式应用到对象上。

添加阴影效果的具体操作步骤如下：

	素　　材：	素材\第 8 章\促销活动.cdr	效　　果：	效果\第 8 章\促销活动.cdr
	视　　频：	视频\第 8 章\添加阴影效果.mp4	关键技术：	交互式阴影工具

STEP 01　打开一个素材图形文件，在绘图页面中选择需要添加阴影效果的文本对象，如图 8-94 所示。

STEP 02　选择工具箱中的交互式阴影工具，单击"预设列表"右侧的下三角按钮，在弹出的列表框中选择"平面右上"选项，如图 8-95 所示。

图 8-94　选择文本对象

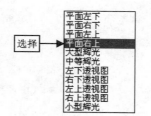

图 8-95　选择"平面右上"选项

STEP 03　为选择的文本对象添加预设的阴影效果，如图 8-96 所示。

STEP 04　通过调整文本上的黑色矩形块，调整添加的阴影效果，效果如图 8-97 所示。

图 8-96 添加阴影效果

图 8-97 调整阴影效果

8.4.2 设置阴影效果

为对象添加阴影后，可以通过工具属性栏调整阴影效果的偏移、角度、不透明度、羽化以及颜色等。

在绘图页面中选择添加了阴影效果的文本对象，如图 8-98 所示，然后在工具属性栏的"阴影的不透明度"数值框中输入 100，并在"阴影羽化"数值框中输入 5，即可完成阴影效果的设置，效果如图 8-99 所示。

图 8-98 选择阴影文本对象

图 8-99 设置阴影效果

实战范例——复制阴影效果

要为多个对象添加同样的阴影效果，用户不必逐一对其进行设置，可以先为一个对象添加阴影，再将阴影复制到其他的对象上即可。

复制阴影效果的具体操作步骤如下：

	素　　材：	素材\第 8 章\促销活动 01.cdr	效　　果：	效果\第 8 章\促销活动 01.cdr
	视　　频：	视频\第 8 章\复制阴影效果.mp4	关键技术：	"阴影自"命令

STEP 01 选择需要添加阴影的文本对象，如图 8-100 所示。

STEP 02 单击"效果"|"复制效果"|"阴影自"命令，如图 8-101 所示。

STEP 03 将鼠标移至需要复制的阴影上，鼠标指针呈箭头形状，如图 8-102 所示。

图 8-100　选择文本对象

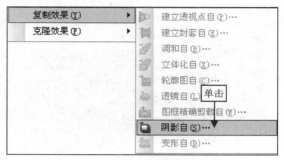

图 8-101　单击相应的命令

STEP 04 单击鼠标左键，即可为选择的文本对象复制阴影效果，效果如图 8-103 所示。

图 8-102　定位鼠标

图 8-103　复制阴影效果

专家提醒

选择需要添加阴影效果的图形对象后，单击工具属性栏中的"复制阴影的属性"按钮，同样也可复制阴影效果。

8.4.3　分离阴影效果

在 CorelDRAW X5 中，可以将图形对象与阴影效果进行拆分，再对拆分后的对象进行单独编辑。

在绘图页面中选择需要进行拆分的阴影效果，然后单击"排列"|"拆分阴影群组"命令，如图 8-104 所示，即可将阴影效果进行拆分，然后运用挑选工具调整拆分阴影的位置，效果如图 8-105 所示。

图 8-104　单击相应命令

图 8-105　调整阴影位置

8.4.4　清除阴影效果

　　当用户确定不再需要阴影对象时，可以将其清除。

　　选择工具箱中的交互式阴影工具，在需要清除的阴影上双击鼠标左键，选择阴影效果，如图 8-106 所示，单击工具属性栏中的"清除阴影"按钮，即可清除文本对象的阴影效果，如图 8-107 所示。

图 8-106　选择阴影效果

图 8-107　清除阴影效果

8.5　透镜与透视效果

　　使用"透镜"泊坞窗可以为对象添加各种创造性透镜效果，透镜效果用于改变透镜下方的对象的显示方式，而不改变对象的实际属性。透镜效果可以应用于 CorelDRAW 创建的封闭路径，如椭圆、矩形、多边形等封闭的形状，以及闭合曲线或者由手绘工具创建的对象。在 CorelDRAW X5 中，通过添加透视效果可以使二维图形具有三维透视的效果，从而使图形对象产生立体感。

8.5.1　透镜效果 11 种效果

　　在"透镜"泊坞窗的"透镜类型"下拉列表中，有以下 11 种透镜效果：

● 变亮：可以使对象区域变亮和变暗，并设置亮度和暗度比率。

● 颜色添加：通过在黑色背景上打开 3 个聚光灯（红色、蓝色和绿色）来模拟光线模型，可选择颜色和要添加的颜色量，创建透镜下面对象的颜色被添加到透镜的颜色效果。

- 色彩限度：只需通过黑色和透过的透镜颜色就可以查看对象区域。
- 自定义彩色图：可以将透镜下方对象区域的所有颜色改为介于指定的两种颜色之间的一种颜色。
- 鱼眼：根据指定的百分比变形、放大或缩小透镜下方的对象。
- 热图：通过在透镜下方对象区域模仿颜色的冷暖等级来创建图像的特殊效果。
- 反显：将透镜下方的颜色都显示为 CMYK 颜色的互补色。互补色是色轮上互为相对的颜色。
- 放大：可以按指定的量放大对象上的某个区域。放大透镜会取代原始对象的填充，使对象看起来是透明的。
- 灰度浓淡：可以将透镜下方对象区域的颜色变为其等值的灰度。
- 透明度：可以使对象看起来像着色胶片或彩色玻璃。
- 线框：可以用所选的轮廓颜色或填充颜色显示透镜下方的对象区域。

8.5.2 添加透镜效果

CorelDRAW X5 中选择不同的透镜选项可以产生不同的显示效果。使用添加"放大镜"选项，可以在绘图页面中创建放大镜效果。

单击"文件"|"打开"命令，打开一幅素材图形；使用绘图工具绘制放大镜图形，选择正圆形，如图 8-108 所示。单击"窗口"|"泊坞窗"|"透镜"命令，弹出"透镜"泊坞窗，如图 8-109 所示。

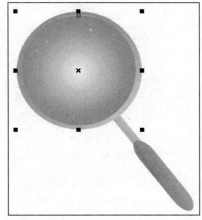

图 8-108　绘制放大镜

图 8-109　弹出"透镜"泊坞窗

在该泊坞窗的"透镜"下拉列表选择"放大"选项，单击"应用"按钮，将放大镜移动到被观察的对象上时，该对象被放大，效果如图 8-110 所示。

图 8-110　放大透镜的应用

专家
提醒

若单击"冻结"按钮，则放大的对象将保留在放大镜上。

实战范例——添加透视效果

使用"添加透视"命令，可以在绘图页面中方便地创建透视图效果。

添加透视效果的具体操作步骤如下：

	素　材：	素材\第 8 章\雅轩阁.cdr	效　果：	效果\第 8 章\雅轩阁.cdr
	视　频：	视频\第 8 章\添加透视效果.mp4	关键技术：	"添加透视"命令

STEP 01 打开一个素材图形文件，选择"轩"字所在的群组对象，如图 8-111 所示。

STEP 02 单击"效果"|"添加透视"命令，图形对象的周围将显示一个带有 4 个节点的网格，如图 8-112 所示。

图 8-111　选择群组对象

图 8-112　显示网格

STEP 03 将鼠标移至网格左上角的节点上，当鼠标指针呈十字形时，单击鼠标左键并垂直向上拖曳，如图 8-113 所示。

STEP 04 至合适的位置后释放鼠标，即可移动节点，如图 8-114 所示。

图 8-113　拖曳鼠标

图 8-114　移动节点

STEP 05 用与上同样的方法，调整图形左下角的节点至合适的位置，创建图形透视效果，如图 8-115 所示。

STEP 06 用与上面同样的方法，为另外两个群组图形添加透视效果，效果如图 8-116 所示。

图 8-115　创建透视效果

图 8-116　创建其他透视效果

> 透视效果可以应用于任何使用 CorelDRAW X5 创建出来的对象或群组对象，但不可应用于段落文本、位图、链接对象和应用了轮廓线、调和、立体化以及由艺术笔创建的对象。

专家提醒

实战范例——复制透视效果

在 CorelDRAW X5 中，可以将其他对象上的透视效果复制到当前对象上。

复制透视效果的具体操作步骤如下：

素　　材：	素材\第 8 章\来天韵 01.cdr	效　　果：	效果\第 8 章\来天韵 01.cdr
视　　频：	视频\第 8 章\复制透视效果.mp4	关键技术：	"建立透视点自"命令

STEP 01 打开一个素材图形文件，运用挑选工具选择一个没有进行透视的图形对象，如图 8-117 所示。

STEP 02　单击"效果"|"复制效果"|"建立透视点自"命令，将鼠标移至绘图页面中橘色的群组对象上，如图 8-118 所示。

图 8-117　选择图形对象

定位鼠标

图 8-118　定位鼠标

STEP 03　单击鼠标左键，即可将透视效果复制到当前对象上，如图 8-119 所示。

STEP 04　用与上同样的方法，将透视效果复制到蓝色的图形对象上，效果如图 8-120 所示。

图 8-119　复制透视效果

图 8-120　复制透视效果

实战范例——清除透视效果

通过清除透视效果，可以将添加了透视效果的图形对象恢复为平面效果。

清除透视效果的具体操作步骤如下：

素　　材：	素材\第 8 章\来天韵 02.cdr	效　　果：	效果\第 8 章\来天韵 02.cdr
视　　频：	视频\第 8 章\清除透视效果.mp4	关键技术：	"清除透视"命令

STEP 01　在绘图页面中选择一个透视图形对象，如图 8-121 所示。

STEP 02　单击"效果"|"清除透视点"命令，即可清除选择图形的透视效果，如图 8-122 所示。

图 8-121　选择透视图形　　　　　　　　　　图 8-122　清除对象透视效果

STEP 03 用与上同样的方法，将另外两个图形对象的透视效果清除，效果如图 8-123 所示。

图 8-123　清除透视效果

■ 8.6　封套与立体化效果

　　封套工具为改变图形对象的形状提供了一种简单有效的方法，用户使用该工具可以快速将一个或一组图形的轮廓调整成为所需的形状。在 CorelDRAW X5 中，使用工具箱中的立体化工具，可以轻松地为图形对象添加具有专业水准的矢量图立体化效果或位图立体化效果，并可以更改图形对象立体效果的颜色、轮廓以及为图形对象添加照明效果。同时，用户也可以根据需要对添加的立体化效果进行设置，还可以将其进行复制或清除。

▊ 实战范例——添加封套效果

　　用户可以应用符合对象形状的基本封套，也可以应用预设的基本封套。应用一种封套后，用户还可对其进行编辑，并且可以添加新的封套继续改变封套的形状。

　　添加封套效果的具体操作步骤如下：

素　材：	素材\第 8 章\HAPPY.cdr	效　果：	效果\第 8 章\HAPPY.cdr
视　频：	视频\第 8 章\添加封套效果.mp4	关键技术：	"封套的双弧模式"按钮

STEP 01 打开一个素材图形文件，选择 HAPPY 文本对象，如图 8-124 所示，然后选择工具箱中的交互式封套工具。

STEP 02 单击工具属性栏中的"封套的双弧模式"按钮 🔲，选择文本右上角的节点，单击鼠标左键并向右上角拖曳，至合适的位置后释放鼠标，如图 8-125 所示。

图 8-124　选择文本对象　　　　　　　　　图 8-125　调整节点

STEP 03 用与上同样的方法，调整左上角以及中间的节点至合适的位置，如图 8-126 所示。

STEP 04 用与上同样的方法，调整其他所有节点至合适的位置，效果如图 8-127 所示。

图 8-126　调整节点　　　　　　　　　图 8-127　调整其他节点

专家
提醒

　　　选择工具箱中的交互式封套工具后，在工具属性栏中为用户提供了 4 种封套模式，包括封套的直线模式、封套的单弧模式、封套的双弧模式以及封套的非强制模式。

8.6.1　改变封套映射模式

　　通过改变封套的映射模式，可以修改对象填入封套的方法。交互式封套工具提供了 4 种映射模式，分别为"水平"、"原始"、"自由变形"与"垂直"映射模式。

运用交互式封套工具选择绘图页面中的文本对象，在工具属性栏的"映射模式"列表框中选择"水平"选项，然后选择文本对象下方的一个节点，单击鼠标左键并向下拖曳，如图 8-128 所示。至合适的位置后释放鼠标左键，即可调整封套形状，如图 8-129 所示。

图 8-128　拖曳节点　　　　　　　　　　　图 8-129　调整封套形状

实战范例——添加立体效果

运用交互式立体化工具可以对矢量图形进行立体化处理，包括线条、图形以及文字等，并且可以为二维图形添加三维效果。

添加立体化效果的具体操作步骤如下：

	素　　材：	素材\第 8 章\EARTH.cdr	效　　果：	效果\第 8 章\EARTH.cdr
	视　　频：	视频\第 8 章\添加立体效果.mp4	关键技术：	交互式立体化工具

STEP 01 打开一个素材图形文件，如图 8-130 所示。

STEP 02 运用工具箱中的交互式立体化工具选择绘图页面中的文本对象，并将鼠标移至文本的中心位置，如图 8-131 所示。

图 8-130　打开图形文件　　　　　　　　　　图 8-131　选择文本对象

STEP 03 单击鼠标左键并向右上角拖曳，如图 8-132 所示。

STEP 04 至合适位置后释放鼠标左键，即可为文本对象添加立体化效果，效果如图 8-133 所示。

图 8-132　拖曳鼠标

图 8-133　添加立体化效果

8.6.2　旋转立体化效果

为图形对象添加立体化效果后，用户还可根据需要对其进行旋转。

运用挑选工具选择绘图页面中的立体化文本，然后选择工具箱中的交互式立体化工具，再在文本对象上单击鼠标左键，文本周围显示圆形的旋转设置框，如图 8-134 所示。将鼠标移至右侧的绿色小三角形上，单击鼠标左键并向右上角拖曳，如图 8-135 所示。

图 8-134　显示旋转控制框

图 8-135　拖曳鼠标

拖曳至合适的位置后释放鼠标左键，即可旋转立体化效果，如图 8-136 所示。

图 8-136　旋转立体化效果

实战范例——设置立体化效果方向

用户可以在"立体的方向"面板中手动调整立体化图形的角度，也可以通过参数化的控制，使立体化精确地进行旋转。

运用挑选工具选择绘图页面中的立体文本对象，然后选择工具箱中的交互式立体化工具，单击工具属性栏中的"立体的方向"按钮，弹出的面板中显示一个红色的 3，将鼠标移至红色的数值上，单击鼠标左键并拖曳，如图 8-137 所示。至合适的位置后释放鼠标左键，即可更改立体化效果的方向，如图 8-138 所示。

图 8-137　设置立体方向

图 8-138　更改立体化效果方向

实战范例——设置立体化效果颜色

在 CorelDRAW X5 中，通过对象填充、纯色填充以及渐变填充，可以为立体化图形填充丰富的颜色。

设置立体化效果颜色的具体操作步骤如下：

素　材：	素材\第 8 章\绿色地球.cdr	效　果：	效果\第 8 章\绿色地球.cdr
视　频：	视频\第 8 章\设置立体化效果颜色.mp4	关键技术：	"渐变填充"选项

STEP 01 打开一个素材图形文件，运用挑选工具选择绘图页面中的立体文本，如图 8-139 所示。

STEP 02 单击工具箱中的填充工具，在弹出的工具组中选择"渐变填充"选项，弹出"渐变填充"对话框，在"颜色调和"选项区的"到"下拉列表框中选择黄色色块，如图 8-140 所示。

图 8-139　选择立体文本

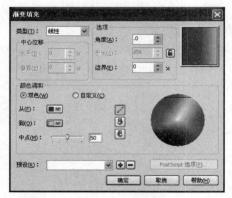

图 8-140　弹出"渐变填充"对话框

STEP 03 单击"确定"按钮，即可更改立体文本的颜色，如图 8-141 所示。

STEP 04 选择工具箱中的交互式立体化工具，单击工具属性栏中的"颜色"按钮，在弹出的面板中取消选中"覆盖式填充"复选框，如图 8-142 所示。

图 8-141　更改立体文本颜色

图 8-142　弹出颜色面板

STEP 05 操作完成后，即可取消覆盖式填充效果，效果如图 8-143 所示。

图 8-143　取消覆盖式填充

8.6.3　设置立体模型方向

单击"立体的方向"按钮▣，弹出如图 8-144 所示的下拉调板，将鼠标指针放置调板上，拖动鼠标，即可改变方向。图 8-145 所示为旋转立体模型方向后的效果。

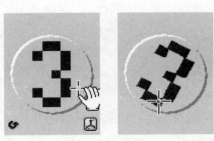

图 8-144　弹出"立体的方向"下拉调板

图 8-145　旋转立体方向的效果

8.6.4 设置立体模型斜角边修饰

单击"斜角边修饰"按钮 🗐，弹出如图 8-146 所示的下拉调板，在该调板中可以为立体模型设置斜角修饰边效果。图 8-147 所示为设置立体模型斜角边修饰后的效果。

图 8-146　弹出"斜角边修饰"下拉调板

图 8-147　设置立体模型斜角边修饰效果

8.6.5 设置立体模型的照明效果

在对象上初步创建的立体模型可能亮度搭配不合适，使立体效果不够逼真，可以应用光源来增强矢量立体模型的立体感。单击"照明"按钮 🔦，弹出如图 8-148 所示的下拉调板，在该调板中可以为立体模型添加光源。图 8-149 所示为立体模型添加照明的效果。

图 8-148　弹出"照明"下拉调板

图 8-149　添加立体照明效果

实战范例——复制和清除立体化效果

为图形对象添加的立体化效果，同样可以进行复制和清除操作，以提高工作效率。

1．复制立体化效果

若要使一个图形对象的立体化效果应用到其他图形对象上，可将此图形的立体化效果进行复制。

复制立体化效果的具体操作步骤如下：

素　材：	素材\第 8 章\音乐天地.cdr	效　果：	效果\第 8 章\音乐天地.cdr
视　频：	视频\第 8 章\复制立体化效果.mp4	关键技术：	"立体化自"命令

STEP 01 打开一个素材图形文件，选择"音乐 X 地带"文本，如图 8-150 所示。

STEP 02 单击"效果"|"复制效果"|"立体化自"命令，如图 8-151 所示。

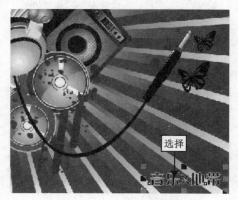

图 8-150　选择文本对象

图 8-151　单击相应命令

STEP 03 将鼠标移至绘图页面中橘色的文本对象上，鼠标指针呈箭头状，如图 8-152 所示。

STEP 04 单击鼠标左键，即可复制立体化效果，效果如图 8-153 所示。

图 8-152　鼠标指针形状

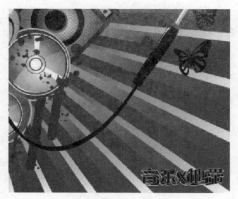

图 8-153　复制立体化效果

2.　清除立体化效果

清除立体化效果与清除阴影效果的方法基本类似。

运用挑选工具选择需要清除立体化效果的文本对象，如图 8-154 所示，然后选择工具箱中的交互式立体化工具，单击工具属性栏中的"清除立体化"按钮，即可清除文本对象的立体化效果，如图 8-155 所示。

专家提醒

在绘图页面中选择立体化文本后，单击"效果"|"清除立体化"命令，也可将文本的立体化效果清除。

图 8-154　选择文本对象

图 8-155　清除立体化效果

8.7　本章小结

　　本章主要介绍艺术笔工具和交互式工具组的强大功能，通过对这些功能的了解与运用，用户可以制作出意想不到的效果。其中分类讲解艺术笔工具的六大模式，如预设模式、画笔模式、喷灌模式、书法模式、压力模式的应用与编辑，以及运用范例模式介绍了交互式工具组的几大功能，如调和与轮廓效果、交互式透明效果、变形与阴影效果、透镜与透视效果和封套与立体化效果等。

8.8　习题测试

一、填空题

　　（1）渐变透明效果分为 4 种类型，包括_____、_____、_____和_____。

　　（2）交互式封套工具提供了 4 种映射模式，包括_____、_____、_____与"垂直"映射模式。

　　（3）_____是一种最为简单的透明效果，可以让图形产生类似于_____的效果。

　　（4）图样透明效果分为 3 种类型，包括_____、_____和_____。

　　（5）变形效果分为_____、_____和_____，将这 3 种变形方式相互配合，可以得到变化无穷的变形效果。

二、操作题

　　（1）运用本章所学知识为该图片应用预设渐变填充，如图 8-156 所示。

图 8-156　应用预设渐变填充的前后效果

（2）运用本章所学知识为该素材中的文字添加立体效果，如图 8-157 所示。

图 8-157　为文字添加立体效果的前后对比

第 **9** 章　编辑和应用位图

　　CorelDRAW X5 不仅仅是一款出色的矢量图形处理软件，同时还具有强大的位图处理功能。在 CorelDRAW X5 中，可以将矢量图转换为位图，还能使用位图功能菜单简单、快捷地调整位图颜色以及添加各种效果等。本章主要向读者介绍编辑位图对象、精确裁剪位图对象、转换位图色彩模式和调整位图色彩等操作。

- 编辑位图对象
- 精确裁剪位图对象
- 转换位图色彩模式
- 调整位图色彩与色调

■ 9.1 编辑位图对象

将位图图像导入到绘图页面后，用户可以根据需要对图像进行旋转、裁剪、跟踪和重新取样等操作，另外还可以扩充位图边框、遮罩位图颜色以及将矢量图转换为位图。

实战范例——旋转位图

旋转位图即调整位图图像在当前绘图页面中的旋转角度。

旋转位图的具体操作步骤如下：

素　　材：	素材\第 9 章\美食.jpg	效　　果：	效果\第 9 章\美食.cdr
视　　频：	视频\第 9 章\旋转位图.mp4	关键技术：	拖曳鼠标

STEP 01 单击"文件"|"导入"命令，在绘图页面导入一幅位图图像，运用挑选工具选择位图，如图 9-1 所示。

STEP 02 在选择的图像上单击鼠标左键，图像的控制柄呈旋转状态，如图 9-2 所示。

图 9-1　导入位图图像

图 9-2　旋转控制柄

STEP 03 将鼠标移至右上角的控制柄上，单击鼠标左键并拖曳，如图 9-3 所示。

STEP 04 至合适位置后释放鼠标左键，即可旋转位图图像，效果如图 9-4 所示。

图 9-3　拖曳鼠标

图 9-4　旋转位图图像

🔍 **技巧点拨**

　　运用挑选工具选择需要旋转的位图图像后，在工具属性栏的"旋转角度"文本框中输入相应的数值，然后按【Enter】键进行确认，也可旋转位图图像。

实战范例——裁剪位图

　　通过裁剪位图，可以将位图中不需要的部分裁掉，只保留局部的图像。在 CoerlDRAW X5 中，用户可以通过单击相应的命令裁剪位图，也可以使用裁剪工具裁剪位图。

1. 使用命令裁剪位图

　　使用命令裁剪位图，即在导入图像时，直接先对位图进行裁剪，然后再进行导入。

　　使用命令裁剪位图的具体操作步骤如下：

	素　材：	素材\第 9 章\美食 01.jpg	效　果：	效果\第 9 章\美食 01.cdr
	视　频：	视频\第 9 章\使用命令裁剪位图.mp4	关键技术：	"裁剪"选项

STEP 01 单击"文件"|"导入"命令，弹出"导入"对话框，选择需要导入的位图图像文件，单击"预览"复选框左侧的下拉按钮，在弹出的列表框中选择"裁剪"选项，如图 9-5 所示。

STEP 02 单击"导入"按钮，弹出"裁剪图像"对话框，如图 9-6 所示。

图 9-5　弹出"导入"对话框

图 9-6　弹出"裁剪图像"对话框

STEP 03 将预览框中图像的各个控制柄调整至合适位置，以确定裁剪的范围，如图 9-7 所示。

STEP 04 单击"确定"按钮，鼠标指针呈标尺形状，单击鼠标左键，即可导入裁剪后的位图图像，并将位图调整至合适的大小和位置，效果如图 9-8 所示。

图 9-7　确定裁剪范围

图 9-8　导入裁剪后的位图

2. 使用裁剪工具裁剪位图

使用裁剪工具 裁剪位图，可直接在绘图页面中框选需要保留的部分，而将框选区域以外的其他区域删除。

使用裁剪工具裁剪位图的具体操作步骤如下：

素　材：	素材\第 9 章\花.jpg	效　果：	效果\第 9 章\花.cdr
视　频：	视频\第 9 章\使用裁剪工具裁剪位图.mp4	关键技术：	裁剪工具

STEP 01 单击"文件"|"导入"命令，导入一幅位图图像，调整至合适大小和位置，如图 9-9 所示。

STEP 02 选择工具箱中的裁剪工具，将鼠标移至绘图页面的合适位置，单击鼠标左键并向右下角拖曳，如图 9-10 所示。

图 9-9　导入位图图像

图 9-10　拖曳鼠标

STEP 03 拖曳至合适位置后释放鼠标左键，创建一个裁剪框，如图 9-11 所示。

STEP 04 将鼠标移至创建的裁剪框内，双击鼠标左键，即可裁剪位图图像，效果如图 9-12 所示。

图 9-11 创建裁剪框

图 9-12 裁剪位图图像

🔍 **技巧点拨**

　　使用工具箱中的形状工具也可以裁剪位图，选择工具箱中的形状工具，单击需要裁剪的位图图像，位图四周会显示 4 个节点，拖曳节点即可裁剪图像。

实战范例——描摹位图

　　通过描摹位图，可以将位图转换为矢量图。

　　描摹位图的具体操作步骤如下：

	素　　材：	素材\第 9 章\五彩按钮.jpg	效　　果：	效果\第 9 章\五彩按钮.cdr
	视　　频：	视频\第 9 章\描摹位图.mp4	关键技术：	"描摹位图" 按钮

STEP 01 单击 "文件" | "导入" 命令，导入一幅位图图像，调整至合适大小和位置，如图 9-13 所示。

STEP 02 运用挑选工具选择导入的图像，单击工具属性栏中的 "描摹位图" 按钮，在弹出的列表框中选择 "轮廓描摹" | "线条图" 选项，如图 9-14 所示。

图 9-13 导入位图图像

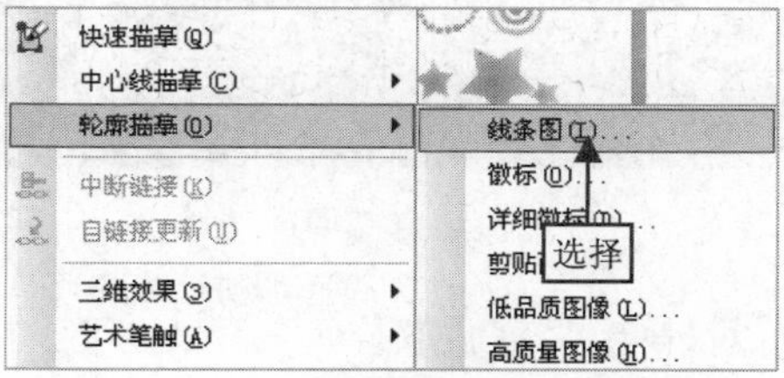

图 9-14 选择 "线条图" 选项

STEP 03 操作完成后，弹出 "PowerTRACE" 对话框，如图 9-15 所示。

STEP 04 单击"确定"按钮，即可描摹位图，效果如图 9-16 所示。

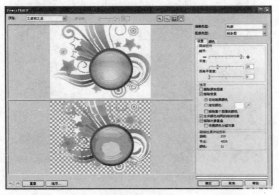

图 9-15　弹出"PowerTRACE"对话框

图 9-16　描摹位图

实战范例——重新取样

　　使用"重新取样"命令可以在保持图像质量不变的情况下改变图像的大小，用户手动调整位图大小时，无论扩大或缩小图像，像素数量均保持不变。

　　重新取样位图的具体操作步骤如下：

素　　材：	素材\第 9 章\房子.cdr	效　　果：	效果\第 9 章\房子.cdr
视　　频：	视频\第 9 章\重新取样.mp4	关键技术：	"重新取样"命令

STEP 01 单击"文件"|"打开"命令，打开一个素材图形文件，如图 9-17 所示。

STEP 02 选择位图图像，单击"位图"|"重新取样"命令，如图 9-18 所示。

图 9-17　打开图形文件

图 9-18　单击相应命令

STEP 03 弹出"重新取样"对话框，在"图像大小"选项区中设置图像的宽度和高度，如图 9-19 所示。

STEP 04 单击"确定"按钮，即可调整图像的大小，效果如图 9-20 所示。

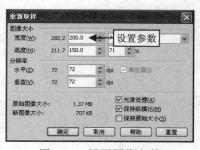

图 9-19 设置图像参数

图 9-20 调整图像大小

专家提醒

在"重新取样"对话框中，选中"光滑处理"复选框，可以最大限度地避免曲线外观参差不齐的现象发生；选中"保持纵横比"复选框，可以保持位图的比例；选中"保持原始大小"复选框，可以保持位图图像的大小。

实战范例——扩充位图边框

在编辑图像时，系统默认为图像添加一个边框，用户可以手动扩充边框，并根据需要设置图像边框的大小。

扩充位图边框的具体操作步骤如下：

	素 材：	素材\第 9 章\晶片.cdr	效 果：	效果\第 9 章\晶片.cdr
	视 频：	视频\第 9 章\扩充位图边框.mp4	关键技术：	"手动扩充位图边框"命令

STEP 01 单击"文件"|"打开"命令，打开一幅素材图形文件，运用挑选工具选择绘图页面中的位图图像，如图 9-21 所示。

STEP 02 单击"位图"|"位图边框扩充"|"手动扩充位图边框"命令，弹出"位图边框扩充"对话框，在其中设置各个参数，如图 9-22 所示。

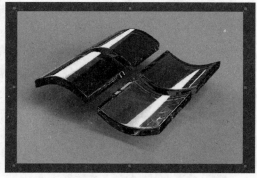

图 9-21 打开图形文件

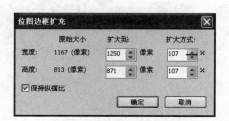

图 9-22 设置参数

STEP **03** 单击"确定"按钮，即可为位图图像扩充边框，效果如图 9-23 所示。

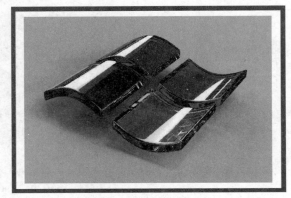

图 9-23　扩充位图边框

实战范例——位图颜色遮罩

通过执行"位图颜色遮罩"命令，可以隐藏或者显示某种特定颜色的图像，从而制作出奇特的图像效果。

创建位图颜色遮罩的具体操作步骤如下：

素　　材：	素材\第 9 章\绿色植物.jpg		效　　果：	效果\第 9 章\绿色植物.cdr
视　　频：	视频\第 9 章\位图颜色遮罩.mp4		关键技术：	"位图颜色遮罩"命令

STEP **01** 单击"文件"|"导入"命令，导入一幅位图图像，调整至合适大小和位置，如图 9-24 所示。

STEP **02** 运用挑选工具选择位图图像，单击"位图"|"位图颜色遮罩"命令，弹出"位图颜色遮罩"泊坞窗，选中"隐藏颜色"单选按钮，在下方的下拉列表框中选择第 1 个复选框，单击"颜色选择"按钮，在绘图页面的草绿色上单击鼠标左键，并设置"容限"值为 31%，如图 9-25 所示。

图 9-24　导入位图图像

图 9-25　设置各参数

STEP **03** 单击"应用"按钮，即可创建位图颜色遮罩，隐藏选取的颜色，效果如图 9-26 所示。

STEP **04** 用与上同样的方法，隐藏位图中花盆上的砖红色，效果如图 9-27 所示。

图 9-26　创建位图颜色遮罩

图 9-27　隐藏其他颜色

实战范例——将矢量图转换为位图

CorelDRAW X5 允许直接将矢量图形转换为位图图像，从而对转换为位图的矢量图形应用更多的位图特效命令。

转换矢量图为位图的具体操作步骤如下：

	素　材：素材\第 9 章\曼纽 MP3.cdr	效　果：效果\第 9 章\曼纽 MP3.cdr
	视　频：视频\第 9 章\将矢量图转换为位图.mp4	关键技术："转换为位图"命令

STEP **01** 打开一个素材图形文件，运用挑选工具选择绘图页面中的 MP3 图形，如图 9-28 所示。

STEP **02** 单击"位图"|"转换为位图"命令，弹出"转换为位图"对话框，在"颜色模式"列表框中选择"RGB 颜色（24 位）"选项，并选中"透明背景"复选框，如图 9-29 所示。

图 9-28　选择图形对象

图 9-29　设置相应选项

STEP 03 单击"确定"按钮，即可将选择的矢量图转换为位图，效果如图 9-30 所示。

图 9-30　将矢量图转换为位图

🔍 **技巧点拨**

将矢量图转换为位图后，文件的大小会增加，但是图形的复杂程度则会大大降低，更加方便用户的编辑。

9.2　精确剪裁位图对象

使用 CorelDRAW X5 的图框精确剪裁功能，可以将一个对象内置于另一个对象中，内置的对象可以是任意的，但容器对象必须是封闭的路径。

实战范例——创建图框剪裁效果

在 CorelDRAW X5 中，可以通过命令和快捷菜单两种方式创建图框精确剪裁，下面将具体向读者进行讲解。

1. 通过命令创建图框精确剪裁效果

通过执行"效果"|"图框精确剪裁"|"放置在容器中"命令，可快速创建图像精确剪裁效果。

单击"文件"|"打开"命令，打开一幅素材图形文件，运用挑选工具选择绘图页面中的植物图像，单击"位图"|"图框精确剪裁"|"放置在容器中"命令，鼠标指针呈黑色的箭头形状，将鼠标移至黄色的心形内，如图 9-31 所示，单击鼠标左键，即可通过命令创建图框精确剪裁效果，如图 9-32 所示。

2. 使用菜单命令剪裁位图

通过快捷菜单创建图框精确剪裁效果，即通过单击鼠标右键，在弹出的快捷菜单中选择相应选项来进行图框精确剪裁效果的创建。

图 9-31 定位鼠标

图 9-32 创建图框精确剪裁效果

通过快捷菜单创建图框精确剪裁效果的具体操作步骤如下：

素　材：	素材\第 9 章\跳动的音符.cdr	效　果：	效果\第 9 章\跳动的音符.cdr
视　频：	视频第 9 章\使用菜单命令剪裁位图.mp4	关键技术：	拖曳鼠标

STEP 01 单击"文件"|"打开"命令，打开一幅素材图形文件，如图 9-33 所示。

STEP 02 运用挑选工具选择绘图页面右下角的乐谱图像，单击鼠标右键并拖曳至"跳动的音符"文本上，如图 9-34 所示。

图 9-33 打开图形文件

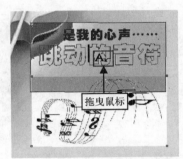

图 9-34 拖曳鼠标

STEP 03 至合适位置后释放鼠标右键，弹出快捷菜单，选择"图框精确剪裁内部"选项，如图 9-35 所示。

STEP 04 操作完成后，即可通过快捷菜单创建图框精确剪裁的效果，如图 9-36 所示。

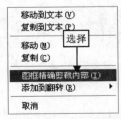

图 9-35 选择"图框精确剪裁内部"选项

图 9-36 创建图框精确剪裁效果

实战范例——编辑图框精确剪裁效果

创建图框精确剪裁效果后，用户可根据需要提取内置的图形图像，或对内置的图形图像进行编辑。

1. 提取内置图像

提取内置图像，即将精确剪裁效果中的内容重新提取出来。

提取内置图像的具体操作步骤如下：

素　　材：	素材\第 9 章\寻找生活.cdr	效　　果：	效果\第 9 章\寻找生活.cdr
视　　频：	视频\第 9 章\提取内置图像.mp4	关键技术：	"提取内容"选项

STEP 01 单击"文件"|"打开"命令，打开一幅素材图形文件，如图 9-37 所示。

STEP 02 选择绘图页面中的图框精确剪裁效果，单击鼠标右键，在弹出的快捷菜单中选择"提取内容"选项，如图 9-38 所示。

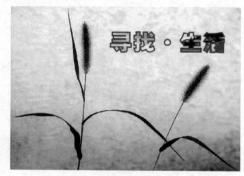

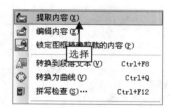

图 9-37　打开图形文件　　　　　　图 9-38　选择"提取内容"选项

STEP 03 操作完成后，即可提取精确剪裁效果的内置图像，如图 9-39 所示。

STEP 04 按键盘上的【Delete】键，删除内置的图像，效果如图 9-40 所示。

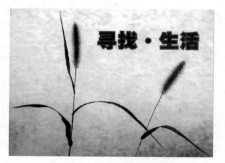

图 9-39　提取内置图像　　　　　　图 9-40　删除内置的图像

2. 编辑内置图像

编辑内置图像，即对精确剪裁效果中的图像进行大小、位置等的编辑和调整。

编辑内置图像的具体操作步骤如下：

素　　材：	素材\第 9 章\底纹.cdr	效　　果：	效果\第 9 章\底纹.cdr
视　　频：	视频\第 9 章\编辑内置图像.mp4	关键技术：	"编辑内容"选项

STEP 01 单击"文件"|"打开"命令，打开一幅素材图形文件，如图 9-41 所示。

STEP 02 在矩形图框精确剪裁效果上单击鼠标右键，弹出快捷菜单，选择"编辑内容"选项，绘图页面显示整个图像和容器图形的轮廓，如图 9-42 所示。

图 9-41　打开图形文件

图 9-42　显示内容

STEP 03 运用挑选工具将图像调整至合适大小和位置，如图 9-43 所示。

STEP 04 在图像上单击鼠标右键，在弹出的快捷菜单中选择"结束编辑"选项，即可完成内置图像的编辑，效果如图 9-44 所示。

图 9-43　调整图像大小和位置

图 9-44　完成内置图像的编辑

复制图框精确剪裁效果

复制图框精确剪裁效果是指将一个图形的图框精确剪裁效果复制到另外一个容器中，以得到另一个图框精确剪裁效果。

单击"文件"|"打开"命令，打开一幅素材图形文件，运用挑选工具选择右侧的棒棒

糖图像，单击"效果"|"复制效果"|"图框精确剪裁自"命令，鼠标指针呈黑色的箭头形状，将鼠标移至左侧的鞋子图像上，如图 9-45 所示，单击鼠标左键，即可复制图框精确剪裁效果，如图 9-46 所示。

图 9-45　定位鼠标

图 9-46　复制图框精确剪裁效果

实战范例——取消图框精确剪裁效果

若用户对创建的精确剪裁效果不太满意，即可将其进行删除。

取消图框精确剪裁效果的具体操作步骤如下：

	素　材：	素材\第 9 章\底纹 01.cdr	效　果：	效果\第 9 章\底纹 01.cdr
	视　频：	视频\第 9 章\取消图框精确剪裁效果.mp4	关键技术：	"提取内容"选项

STEP 01 运用挑选工具选择绘图页面中创建的精确剪裁效果，如图 9-47 所示。

STEP 02 单击鼠标右键，在弹出的快捷菜单中，选择"提取内容"选项，如图 9-48 所示。

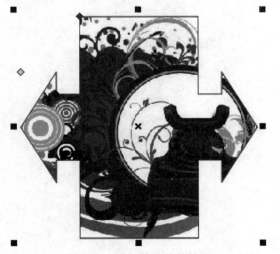

图 9-47　选择精确剪裁效果

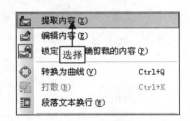

图 9-48　选择"提取内容"选项

STEP 03 即可取消位图图像的精确剪裁，效果如图 9-49 所示。

图 9-49　取消精确剪裁效果

专家
提醒

　　选择创建的精确剪裁效果后，单击"效果"|"图框精确剪裁"|"提取
内容"命令，也可取消精确剪裁效果。

9.3　转换位图色彩模式

　　CorelDRAW X5 中提供了多种颜色模式，包括黑白、灰度、双色、调色板、RGB、Lab
和 CMYK 模式，为快速制作符合设计要求的位图提供了可能。

9.3.1　Lab 模式

　　Lab 颜色模式是一种国际色彩标准模式，它包括了人眼可见的所有颜色，由 3 个通道
组成：一个通道是透明度 L，另两个色彩通道即色相 a 和饱和度 b，a 的颜色值从深绿色到
灰色，再到亮粉红色；b 通道是从亮蓝色到灰色，再到焦黄色。

　　打开一个素材图形文件，如图 9-50 所示，运用挑选工具选择绘图页面中的位图图像，然后
单击"位图"|"模式"|"Lab 颜色"命令，即可将图像转换成 Lab 颜色模式，如图 9-51 所示。

图 9-50　打开图形文件

图 9-51　转换为 Lab 颜色模式

9.3.2 黑白模式

黑白模式是通过黑色和白色来显示位图的，通常是黑和白没有颜色层次的变化，该模式对绘制艺术线条和简单图形很有用，能清晰地显示位图的轮廓线，屏幕刷新速度比其他的颜色模式都快。

设置黑白颜色模式的具体操作步骤如下：

素　材：	素材\第 9 章\时尚女郎.cdr	效　果：	效果\第 9 章\时尚女郎.cdr
视　频：	视频\第 9 章\黑白模式.mp4	关键技术：	"黑白"命令

STEP 01 打开一个素材图形文件，选择绘图页面中的位图图像，如图 9-52 所示。

STEP 02 单击"位图"|"模式"|"黑白"命令，如图 9-53 所示。

> **专家提醒**
>
> 在"转换为 1 位"对话框中，单击"转换方法"列表框右侧的下三角按钮，在弹出的列表框中提供了 7 种转换选项，"半色调"的设置选项最多，主要使用形状不同的点来产生黑白图像。

图 9-52　打开图形文件

图 9-53　单击相应的命令

STEP 03 弹出"转换为 1 位"对话框，如图 9-54 所示。

STEP 04 单击"确定"按钮，即可将位图图像转换为黑白模式，效果如图 9-55 所示。

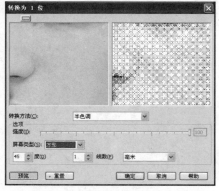

图 9-54　弹出"转换为 1 位"对话框

图 9-55　转换为黑白模式

9.3.3　灰度模式

灰度模式能够将彩色的位图转换成灰度模式，使图像产生类似黑白照片的效果。

打开一个素材图形文件，选择绘图页面中的位图图像，如图 9-56 所示。单击"位图"|"模式"|"灰度"命令，即可将图像的颜色模式更改为灰度模式，如图 9-57 所示。

图 9-56　打开图形文件　　　　　　　　图 9-57　更改为灰度模式

9.3.4　双色调模式

双色模式确是一种 8 位灰度位图模式，只是在灰度模式的基础上增加了 1~4 种颜色，从而产生带有颜色的灰度效果，这种颜色模式包括单色、双色、三色和四色 4 种色调模式。如图 9-58 所示即为转换成双色模式的前后对比效果。

图 9-58　转换成双色模式的前后对比效果

9.3.5　RGB 颜色模式

RGB 颜色模式是使用最广泛的一种色彩模式，R、G、B 分别代表红、绿、蓝，每个红、绿、蓝色频都分配 0~255 之间的一个值，其余的颜色都是由这 3 种颜色按照一定的比例混合而成，所以 RGB 属于加色模式。

打开一个素材图形文件，如图 9-59 所示。选择绘图页面中的位图图像，然后单击"位图"|"模式"|"RGB 颜色"命令，即可将位图图像的模式转换成 RGB 模式，如图 9-60所示。

RGB 色彩模式是基于光来表现的，混合的颜色越多，考虑不周的颜色越明亮。若 3 种颜色都是以 0 阶混合就表现为黑色，若 3 种颜色都是以 255 阶混合就会形成白色，所以这种色彩模式称为加色模式。

图 9-59　打开图形文件

图 9-60　转换为 RGB 颜色模式

9.3.6　调色板模式

调色板模式最多可以使用 256 种颜色来保存和显示图像，这种颜色模式的文件比较小，可以从许多预定义的调色板中选择一种类型的调色板，或者根据位图中的颜色创建自定义调色板。如图 9-61 所示即为转换成调色板模式的前后对比效果。

图 9-61　转换成调色板模式的前后对比效果

9.3.7　CMYK 颜色模式

CMYK 颜色模式是印刷的一种标准颜色模式，CMYK 在印刷中分别代表青色、品红色、黄色、黑色，将这 4 种颜色按一定的比例混合，就能得到各种不同的颜色。

设置 CMYK 颜色模式的具体操作步骤如下：

素　　材：	素材\第 9 章\五彩箭头.cdr	效　　果：	效果\第 9 章\五彩箭头.cdr
视　　频：	视频\第 9 章\CMYK 颜色模式.mp4	关键技术：	"CMYK 颜色"命令

STEP 01 单击"文件"|"打开"命令，打开一个素材图形文件，如图 9-62 所示。

STEP 02 运用挑选工具选择位图图像，单击"位图"|"模式"命令，如图 9-63 所示。

图 9-62　打开图形文件

图 9-63　单击相应的命令

STEP 03 在模式下拉列表中选择 CMYK 颜色（32 位），如图 9-64 所示。

STEP 04 单击"确定"按钮，即可将素材图像转换为 CMYK 颜色模式，效果如图 9-65 所示。

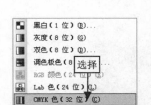

图 9-64　选择 CMYK（32 位）

图 9-65　将图像转换为 CMYK 颜色模式

专家
提醒

　　在使用 CMYK 颜色模式时存在一个问题，它不能够准确全面地显示颜色，颜色空间要比 RGB 小，所有的颜色模式在转换时都是把位图转移到不同的颜色空间，势必会损失一些颜色信息，尤其是 RGB 模式转换为 CMYK 颜色模式时，会出现颜色变暗的现象。

9.4　调整位图色彩与色调

　　CorelDRAW X5 提供了一系列调整位图颜色的功能，运用这些功能可以快速改变位图颜色的反差、颜色平衡、亮度以及对比度等。

实战范例——高反差

通过"高反差"命令可以调整图像各颜色通道的色阶，改变图像的双比度，精确地对图像中的某一种色调进行调整。

调整图像高反差的具体操作步骤如下：

素　　材：	素材\第 9 章\绿苗.cdr	效　　果：	效果\第 9 章\绿苗.cdr
视　　频：	视频\第 9 章\高反差.mp4	关键技术：	"高反差"命令

STEP 01 单击"文件"|"打开"命令，打开一个素材图形文件，如图 9-66 所示。

STEP 02 运用挑选工具选择绘图页面中的位图图像，单击"效果"|"调整"|"高反差"命令，弹出"高反差"对话框，在其中设置各项参数，如图 9-67 所示。

图 9-66　打开图形文件

图 9-67　设置各项参数

STEP 03 单击"确定"按钮，即可完成使用"高反差"命令调整位图色彩的操作，效果如图 9-68 所示。

图 9-68　使用"高反差"命令后的效果

实战范例——调合曲线

"调合曲线"命令通过控制各个像素值来精确地校正颜色，通过更改像素亮度值，可以更改阴影、中间色调和高光。

使用调合曲线的具体操作步骤如下：

素 材：	素材\第 9 章\海景.cdr	效 果：	效果\第 9 章\海景.cdr
视 频：	视频\第 9 章\调和曲线.mp4	关键技术：	"调和曲线"命令

STEP 01 打开素材图形文件，如图 9-69 所示。

STEP 02 选择绘图页面中的位图图像，单击"效果"|"调整"|"调合曲线"命令，弹出"调合曲线"对话框，如图 9-70 所示。

图 9-69　打开图形文件

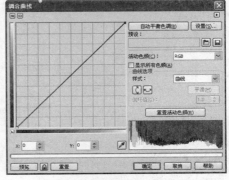

图 9-70　弹出"调合曲线"对话框

STEP 03 通过单击对话框左上角的按钮，展开预览窗口，然后将鼠标移至曲线上方，鼠标指针呈十字形，如图 9-71 所示。

STEP 04 单击鼠标左键并拖曳，至合适位置后释放鼠标，即可在曲线上添加一个节点，并调整曲线的弯曲程度，如图 9-72 所示。

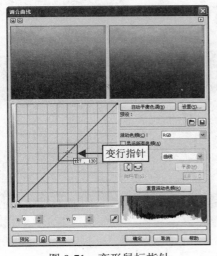

图 9-71　变形鼠标指针

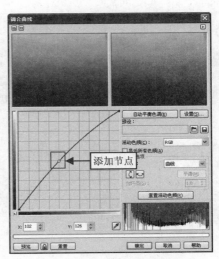

图 9-72　添加节点并调整曲线

STEP 05 用与上同样的方法，在曲线上添加另外 3 个节点，并适当调整曲线的弯曲程度，如图 9-73 所示。

STEP 06 单击"确定"按钮，即可通过"调合曲线"调整图像的颜色，效果如图 9-74 所示。

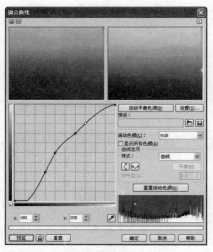

图 9-73　添加其他节点

图 9-74　调整图像颜色

9.4.1　颜色平衡

　　"颜色平衡"中的范围区域包括阴影、中间色调、高光、保持亮度，通过对位图图像色彩的控制，改变图像颜色的混合效果，从而使图像的整体色彩趋于平衡。

　　打开一幅素材图形文件，如图 9-75 所示。选择绘图页面中的位图图像，单击"效果"|"调整"|"颜色平衡"命令，弹出"颜色平衡"对话框，在"色频通道"选项区中设置"青-红"、"品红-绿"、"黄-蓝"的值分别为 100、54、86，单击"确定"按钮，即可完成使用"颜色平衡"命令调整图像色彩的操作，效果如图 9-76 所示。

图 9-75　打开图形文件

图 9-76　使用"颜色平衡"命令后的效果

9.4.2　取消饱和

　　运用"取消饱和"命令可以丢弃图像色彩，使图像呈灰色显示。

　　单击"文件"|"打开"命令，打开一个素材图形文件，如图 9-77 所示，单击"效果"|"调整"|"取消饱和"命令，选择的图像文件即呈灰色显示，如图 9-78 所示。

图 9-77　打开图形文件

图 9-78　取消饱和

专家
提醒

　　使用"取消饱和"命令需要注意："取消饱和"只是将图像中原有的色彩丢弃，并不能将图像的颜色模式修改为灰度。

实战范例——替换颜色

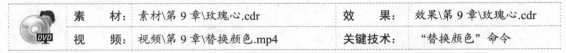

　　"替换颜色"命令只适用于位图，是用一种颜色去替换图像的另一种颜色，在图像中基于某种特定颜色创建临时蒙版，来调整色度、饱和度和亮度值。

　　替换颜色的具体操作步骤如下：

素　　材：	素材\第 9 章\玫瑰心.cdr	效　　果：	效果\第 9 章\玫瑰心.cdr
视　　频：	视频\第 9 章\替换颜色.mp4	关键技术：	"替换颜色"命令

STEP 01　单击"文件"|"打开"命令，打开一个素材图形文件，如图 9-79 所示。

STEP 02　选择位图图像，然后单击"效果"|"调整"|"替换颜色"命令，弹出"替换颜色"对话框，如图 9-80 所示。

专家
提醒

　　在"替换颜色"对话框中，单击"原颜色"和"新建颜色"下拉列表框右侧的滴管按钮，可以从绘图页面的图像中选取需要的颜色。

图 9-79　打开图形文件

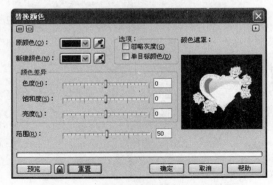

图 9-80　弹出"替换颜色"对话框

STEP 03 单击"原颜色"下拉列表框右侧的下三角按钮，在弹出的颜色下拉列表框中选择红色色块，并用同样的方法设置"新建颜色"为黄色，如图 9-81 所示。

STEP 04 单击"确定"按钮，即可将图像中的红色替换为黄色，效果如图 9-82 所示。

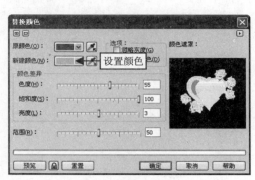

图 9-81　设置替换颜色

图 9-82　替换图像颜色

实战范例——调整伽玛值

通过调整伽玛值可以改变图像整体的阴影和高光，特别是对于低对比度图像中的细节，能够有效地得到改善。伽玛值是基于色阶曲线中部进行调整的，所以图像色调的变化主要趋向于中间调。

调整伽玛值的具体操作步骤如下：

素　材：	素材\第 9 章\帆.cdr	效　果：	效果\第 9 章\帆.cdr
视　频：	视频\第 9 章\调整伽玛值.mp4	关键技术：	"伽玛值"命令

STEP 01 单击"文件"|"打开"命令，打开一个素材图形文件，如图 9-83 所示。

STEP 02 选择位图图像，然后单击"效果"|"调整"|"伽玛值"命令，弹出"伽玛值"对话框，如图 9-84 所示。

图 9-83　打开图形文件

图 9-84　弹出"伽玛值"对话框

STEP 03 展开预览窗口，在"伽玛值"数值框中输入 2，单击"预览"按钮，如图 9-85 所示。

STEP 04 单击"确定"按钮，即可调整图像的颜色，效果如图 9-86 所示。

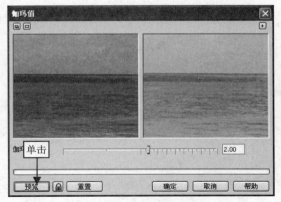

图 9-85 单击预览按钮

图 9-86 调整图像颜色

在"伽玛值"对话框中，用户通过拖曳"伽玛值"滑块或在"伽玛值"数值框中输入相应的数值，都可调整图像的伽玛值。

9.4.3 通道混合器

运用"通道混合器"命令可以将当前颜色通道中的像素与其他颜色通道中的像素按一定程度进行混合来改变图像的色调。图 9-87 所示为使用"通道混合器"命令调整图像色彩的对比效果。

图 9-87 使用"通道混合器"命令后的效果

实战范例——取样/目标平衡

"取样/目标平衡"命令只适用于位图，允许用从图像自身采取的样本颜色调整整幅图像的颜色值，也可以通过通道中的红色通道、绿色通道、蓝色通道来对图像进行单个通道的调整。

设置图像取样/目标平衡的具体操作步骤如下：

素　　材：	素材\第 9 章\红房子.cdr	效　　果：	效果\第 9 章\红房子.cdr
视　　频：	视频\第 9 章\取样目标平衡.mp4	关键技术：	"取样/目标平衡"命令

STEP 01 打开一个素材图形文件，如图 9-88 所示。

STEP 02 运用挑选工具选择绘图页面中的位图图像，然后单击"效果"|"调整"|"取样/目标平衡"命令，弹出"样本/目标平衡"对话框，如图 9-89 所示。

图 9-88　打开图形文件

图 9-89　弹出"样本/目标平衡"对话框

STEP 03 单击对话框左上角的小方形按钮 ▣，展开对话框的预览窗口，如图 9-90 所示。

STEP 04 单击对话框左侧的黑色滴管按钮 ，然后将鼠标移至预览窗口的合适位置，如图 9-91 所示。

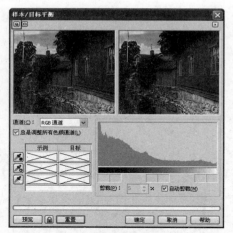

图 9-90　展开预览窗口

图 9-91　定位鼠标

STEP 05 单击鼠标左键，即可在对话框的"示例"和"目标"列表中显示取样颜色，如图 9-92 所示。

STEP 06 单击"目标"列表中的暗红色色块，弹出"选择颜色"对话框，在其中设置目标颜色值，如图 9-93 所示。

STEP 07 单击"确定"按钮，返回"样本/目标平衡"对话框，目标颜色更改为新设置的颜色，如图 9-94 所示。

STEP 08 用与上同样的方法，设置其他的示例颜色和目标颜色，效果如图 9-95 所示。

图 9-92 显示取样颜色

图 9-93 设置颜色值

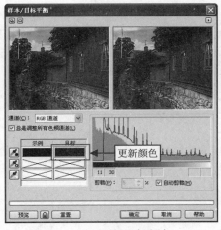

图 9-94 更新目标颜色

图 9-95 设置其他颜色

STEP 09 单击"确定"按钮，即可完成图像颜色的调整，效果如图 9-96 所示。

图 9-96 调整图像颜色

9.4.4 色度/饱和度/光度

使用"色度/饱和度/亮度"命令，可以通过改变 HLS 值为调整图像的色调，色度控制颜色，亮度控制色彩的明暗程序，饱和度控制颜色的深浅。图 9-69 所示为使用"色度/饱和度/光度"命令调整图像色彩的对比效果。

技巧点拨

用户还可通过按键盘上的【Ctrl + Shift + U】组合键，调出"色度/饱和度/亮度"对话框，在其中设置相应的参数，以调整图像的色度、饱和度和亮度。

图 9-96　使用"色度/饱和度/光度"命令后的效果

实战范例——亮度/对比度/强度

对图像的亮度/对比度/强度进行调整，是以改变 HSB 的值为决定的，HSB 值是一种颜色模式，这种颜色模式更接近人眼观看颜色的方式。

调整图像亮度/对比度/强度的具体操作步骤如下：

素　　材：	素材\第 9 章\石梯.cdr	效　　果：	效果\第 9 章\石梯.cdr
视　　频：	视频\第 9 章\亮度对比度强度.mp4	关键技术：	"亮度/对比度/强度"命令

STEP 01 打开一个素材图形文件，如图 9-97 所示。

STEP 02 运用挑选工具选择绘图页面中的位图图像，单击"效果"|"调整"|"亮度/对比度/强度"命令，弹出"亮度/对比度/强度"对话框，如图 9-98 所示。

图 9-97　打开图形文件

图 9-98　弹出"亮度/对比度/强度"对话框

STEP 03 单击对话框左上角的小矩形按钮，展开预览窗口，如图 9-99 所示。

STEP 04 然后分别设置"亮度"、"对比度"和"强度"的值为 20、10、10，如图 9-100 所示。

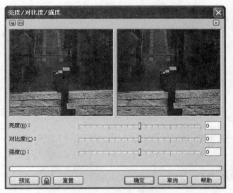
图 9-99　展开预览窗口

图 9-100　设置参数

STEP 05 单击"确定"按钮，即可更改图像的亮度、对比度和强度，如图 9-101 所示。

图 9-101　调整图像颜色

9.5　本章小结

　　本章主要介绍位图的编辑、位图对象的精确剪裁、位图色彩模式的转换以及位图色彩与色调的调整，其中位图对象的编辑包括旋转、描摹、扩充边框和位图颜色遮罩等内容。通过本章的学习，读者可以掌握运用 CorelDRAW X5 的强大功能处理和编辑位图的方法。

9.6　习题测试

一、填空题

　　（1）使用＿＿＿＿＿＿＿位图，可直接在绘图页面中框选需要保留的部分，而将框选区域以外的其他区域删除。

（2）使用_____命令可以在保持图像质量不变的情况下改变图像的大小，用户手动调整位图大小时，无论扩大或缩小图像，像素数量均保持不变。

（3）通过执行_____命令，可以隐藏或者显示某种特定颜色的图像，从而制作出奇特的图像效果。

（4）按键盘上的_____键，删除内置的图像。

（5）_____命令通过控制各个像素值来精确地校正颜色，通过更改像素亮度值，可以更改阴影、中间色调和高光。

二、操作题

（1）运用本章所学知识为位图图像调整颜色，如图 9-102 所示。

图 9-102　调整图像颜色的前后效果

（2）运用本章所学知识为位图对象进行精确剪裁，如图 9-103 所示。

图 9-103　精确剪裁图像的前后效果

第 ⑩ 章 应用位图滤镜与输出

CorelDRAW X5 提供的滤镜特效可以与 Photoshop 中的滤镜特效相媲美,用户应用这些滤镜特效可以快速地为位图图像添加各种特殊效果。运用 CorelDRAW 完成作品绘制后,还需要将设计的作品打印出来或出片印刷。本章主要向读者介绍常用位图滤镜、其他位图滤镜、设置打印以及输入与输出图像。

本 章 重 点

- 常用位图滤镜
- 其他位图滤镜
- 输入图像

- 设置打印
- 输出图像

实 例 效 果 欣 赏

视 频 演 示

10.1　常用位图滤镜

本节主要介绍常用位图滤镜，如模糊、相机、三维效果和艺术笔触等。通过一些实例来介绍位图滤镜的基本使用方法，将所学的知识应用到实践中，以加深读者对位图滤镜的了解，从而使读者进一步掌握 CorelDRAW X5 位图滤镜的操作技巧。

实战范例——模糊

CorelDRAW X5 的"模糊"滤镜组提供了 9 种模糊滤镜，使用这些滤镜，可以使位图图像中的像素软化并混合，从而产生平滑的图像效果。

1. 锯齿状模糊

"锯齿状模糊"滤镜可以为高对比度的位图图像创建柔和的模糊效果。

运用挑选工具选择位图图像，单击"位图"|"模糊"|"锯齿状模糊"命令，弹出"锯齿状模糊"对话框，在其中设置各项选项，如图 10-1 所示，单击"确定"按钮，即可应用"锯齿状模糊"滤镜效果，如图 10-2 所示。

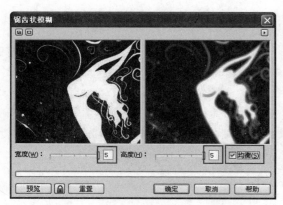

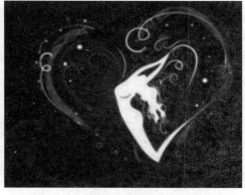

图 10-1　弹出"锯齿状模糊"对话框　　　　图 10-2　应用"锯齿状模糊"滤镜

 专家提醒　　　　在"锯齿状模糊"对话框中，选中"均衡"复选框，可以平衡图像的色调，使模糊效果变得更加柔和。

2. 高斯式模糊

"高斯式模糊"滤镜是使用曲线分布像素信息，使位图图像添加模糊效果。

应用"高斯式模糊"滤镜的具体操作步骤如下：

素　　材：	素材\第 10 章\舞动奇迹.cdr	效　　果：	效果\第 10 章\舞动奇迹.cdr
视　　频：	视频\第 10 章\高斯式模糊.mp4	关键技术：	"高斯式模糊"命令

STEP 01　按【Ctrl＋O】组合键，打开素材图形文件，如图 10-3 所示。

STEP 02 选择位图图像，单击"位图"|"模糊"|"高斯式模糊"命令，弹出"高斯式模糊"对话框，展开预览窗口，在"半径"数值框中输入 3，单击"预览"按钮，如图 10-4 所示。

图 10-3　打开图形文件

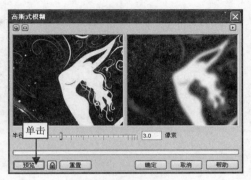

图 10-4　设置参数

STEP 03 单击"确定"按钮，即可让位图应用"高斯式模糊"滤镜效果，效果如图 10-5 所示。

图 10-5　应用"高斯式模糊"滤镜

3．动态模糊

使用"动态模糊"滤镜，可以通过指定运动的方向和距离，使图像产生动感模糊效果。

应用"动态模糊"滤镜的具体操作步骤如下：

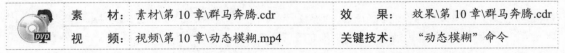

	素　　材：	素材\第 10 章\群马奔腾.cdr	效　　果：	效果\第 10 章\群马奔腾.cdr
	视　　频：	视频\第 10 章\动态模糊.mp4	关键技术：	"动态模糊"命令

STEP 01 按【Ctrl＋O】组合键，打开一个素材图形文件，如图 10-6 所示。

STEP 02 选择绘图页面中的位图图像，单击"位图"|"模糊"|"动态模糊"命令，弹出"动态模糊"对话框，展开预览窗口，并设置"间隔"和"方向"的值分别为 40、90，单击"预览"按钮，如图 10-7 所示。

图 10-6　素材图形文件

图 10-7　设置参数

STEP 03 单击"确定"按钮，即可应用"动态模糊"滤镜效果，效果如图 10-8 所示。

图 10-8　应用"动态模糊"滤镜

4．放射式模糊

使用"放射式模糊"滤镜，可以从图像中心点放射而产生一种圆形模糊效果。

放射式模糊效果的具体操作步骤如下：

	素　　材：	素材\第 10 章\奔驰的汽车.cdr	效　　果：	效果\第 10 章\奔驰的汽车.cdr
	视　　频：	视频\第 10 章\放射式模糊.mp4	关键技术：	"放射式模糊"命令

STEP 01 单击"文件"|"打开"命令，打开一幅素材图形文件，如图 10-9 所示。

STEP 02 选择绘图页面中的位图图像，单击"位图"|"模糊"|"放射式模糊"命令，弹出"放射式模糊"对话框，设置"数量"的值为 5，单击"确定"按钮，即可制作放射式模糊效果，效果如图 10-10 所示。

技巧点拨

　　"放射式模糊"滤镜可以应用于除"48 位 RGB"、"16 位灰度"、"调色板"和"黑白"模式之外的图像；"高斯模糊"和"动态模糊"滤镜，可以应用于除"调色板"和"黑白"模式之外的图像。

图 10-9　打开图形文件　　　　　　图 10-10　制作放射式模糊效果

实战范例——应用相机滤镜

使用"相机"滤镜，可以使图像模拟扩散透镜的过滤器产生的图形效果。

应用"相机"滤镜的具体操作步骤如下：

素　　材：	素材\第 10 章\王冠.cdr	效　　果：	效果\第 10 章\王冠.cdr
视　　频：	视频\第 10 章\应用相机滤镜.mp4	关键技术：	"扩散"命令

STEP 01 按【Ctrl＋O】组合键，打开一个素材图形文件，如图 10-11 所示。

STEP 02 单击"位图"|"相机"|"扩散"命令，弹出"扩散"对话框，展开预览窗口，并设置"层次"的值为 100，单击"预览"按钮，如图 10-12 所示。

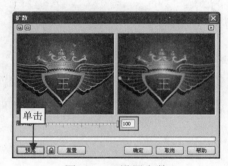

图 10-11　打开图形文件　　　　　　图 10-12　设置参数

STEP 03 单击"确定"按钮，即可应用"扩散"滤镜效果，效果如图 10-13 所示。

图 10-13　应用"扩散"滤镜

实战范例——三维效果

三维效果包括三维旋转、柱面、浮雕、卷页、透视、挤远/挤近和球面效果。使用这些滤镜，可以创建出具有三维纵深感的图像效果。

1. 三维旋转效果

"三维旋转"滤镜用于改变所选位图的透视方向，产生一种景深的效果。

应用"三维旋转"滤镜的具体操作步骤如下：

素　材：	素材\第 10 章\水晶球.cdr	效　果：	效果\第 10 章\水晶球.cdr
视　频：	视频\第 10 章\三维旋转效果.mp4	关键技术：	"三维旋转"命令

STEP 01 按【Ctrl＋O】组合键，打开一个素材图形文件，如图 10-14 所示。

STEP 02 选择绘图页面中的位图图像，然后单击"位图"|"三维效果"|"三维旋转"命令，如图 10-15 所示。

图 10-14　打开图形文件

图 10-15　单击"三维旋转"命令

STEP 03 弹出"三维旋转"对话框，如图 10-16 所示。

STEP 04 单击对话框左上角的小矩形按钮，展开预览窗口，并在"垂直"和"水平"数值框中分别输入 2、38，单击"预览"按钮，如图 10-17 所示。

图 10-16　弹出"三维旋转"对话框

图 10-17　设置各参数

STEP 05 单击"确定"按钮，即可应用"三维旋转"滤镜效果，效果如图 10-18 所示。

图 10-18　应用"三维旋转"滤镜

2. 柱面效果

"柱面"滤镜可以将位图图像沿水平或垂直方向进行缩放。

应用"柱面"滤镜的具体操作步骤如下：

素　　材：	素材\第 10 章\光芒四射.cdr	效　　果：	效果\第 10 章\光芒四射.cdr
视　　频：	视频\第 10 章\柱面效果.mp4	关键技术：	"柱面"命令

STEP 01 按【Ctrl＋O】组合键，打开一个素材图形文件，如图 10-19 所示。

STEP 02 运用挑选工具选择位图图像，单击"位图"|"三维效果"|"柱面"命令，弹出"柱面"对话框，展开预览窗口，选中"水平"单选按钮，并在"百分比"数值框中输入 80，如图 10-20 所示。

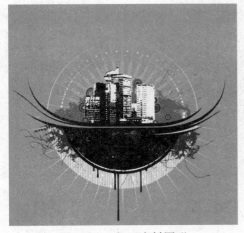

图 10-19　打开素材图形

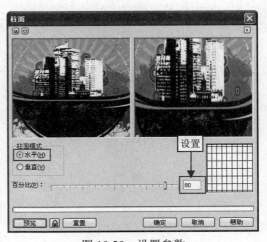

图 10-20　设置参数

STEP 03 单击"确定"按钮，即可应用"柱面"滤镜效果，效果如图 10-21 所示。

图 10-21　应用"柱面"滤镜

专家
提醒

　　在"柱面"对话框中，通过拖曳"百分比"选项右侧的滑块，也可设置柱面效果的对比强度。

3．浮雕效果

"浮雕"滤镜是在图像上应用明暗，使图像表现出带有凹凸感的立体效果。

应用"浮雕"效果的具体操作步骤如下：

	素　　材：素材\第 10 章\电话机.cdr	效　　果：效果\第 10 章\电话机.cdr
	视　　频：视频\第 10 章\浮雕效果.mp4	关键技术："浮雕"命令

STEP 01 按【Ctrl＋O】组合键，打开一个素材图形文件，如图 10-22 所示。

STEP 02 运用挑选工具选择绘图页面中的位图图像，然后单击"位图"|"三维效果"|"浮雕"命令，弹出"浮雕"对话框，展开预览窗口，在"方向"数值框中输入 150，单击"预览"按钮，如图 10-23 所示。

图 10-22　打开图形文件

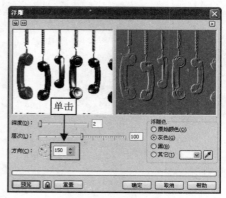

图 10-23　设置参数

STEP **03** 单击"确定"按钮，即可应用"浮雕"滤镜效果，效果如图 10-24 所示。

图 10-24　应用"浮雕"滤镜效果

4．透视效果

"透视"滤镜有"透视"和"切变"两种透视类型，设置为"透视"类型，可以对图像的四边产生任何角度的改变；设置为"切变"类型，可使图像的对边始终处于平行状态。

应用"透视"效果的具体操作步骤如下：

素　　材：	素材\第 10 章\卡通火车.cdr	效　　果：	效果\第 10 章\卡通火车.cdr
视　　频：	视频\第 10 章\透视效果.mp4	关键技术：	"透视"命令

STEP **01** 按【Ctrl＋O】组合键，打开一个素材图形文件，如图 10-25 所示。

STEP **02** 运用挑选工具选择绘图页面中的位图图像，单击"位图"|"三维效果"|"透视"命令，弹出"透视"对话框，展开预览窗口，如图 10-26 所示。

图 10-25　打开图形文件

图 10-26　弹出"透视"对话框

STEP **03** 将鼠标移至对话框中控制框右上角的控制点上，单击鼠标左键并向左拖曳，至合适位置后释放鼠标，单击"预览"按钮，如图 10-27 所示。

STEP **04** 单击"确定"按钮，即可应用滤镜效果，效果如图 10-28 所示。

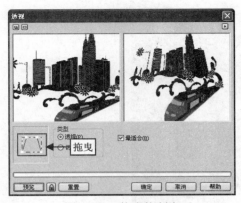

图 10-27　拖曳控制点

图 10-28　应用"透视"滤镜

🔍 **技巧点拨**

> 在"透视"对话框中，选中"切变"单选按钮，然后调节控制框中的控制点，可使应用"透视"滤镜后图像的对边始终平行。

实战范例——艺术笔触

使用"艺术笔触"滤镜组中的滤镜效果，可以使图像产生一种柔和的散发效果，使用户在处理位图时可以运用相关的创造性手法，制作出不同的绘画效果。

1．炭笔画效果

应用"炭笔画"滤镜可以使位图产生一种类似于使用炭笔在画板上绘画的艺术效果，位图的色彩将丢失，而以炭笔的线条来显示位图的层次。

应用"炭笔画"滤镜的具体操作步骤如下：

	素　　材：	素材\第 10 章\美女.cdr	效　　果：	效果\第 10 章\美女.cdr
	视　　频：	视频\第 10 章\炭笔画效果.mp4	关键技术：	"炭笔画"命令

STEP 01 打开一个素材图形文件，如图 10-29 所示。

STEP 02 选择绘图页面中的位图图像，单击"位图"|"艺术笔触"|"炭笔画"命令，弹出"炭笔画"对话框，展开预览窗口，如图 10-30 所示。

图 10-29　打开图形文件

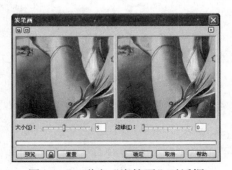

图 10-30　弹出"炭笔画"对话框

STEP 03 在"大小"数值框中输入 3，单击"预览"按钮，如图 10-31 所示。

STEP 04 然后单击"确定"按钮，即可应用"炭笔画"滤镜，效果如图 10-32 所示。

图 10-31　设置参数

图 10-32　应用"炭笔画"滤镜

2．印象派效果

"印象派"滤镜可以使位图产生一种类似于绘画艺术中印象派风格的绘画效果。

应用"印象派"滤镜的具体操作步骤如下：

素　　材：	素材\第 10 章\色彩图.cdr	效　　果：	效果\第 10 章\色彩图.cdr
视　　频：	视频\第 10 章\印象派效果.mp4	关键技术：	"印象派"命令

STEP 01 按【Ctrl＋O】组合键，打开一个素材图形文件，如图 10-33 所示。

STEP 02 运用挑选工具选择绘图页面中的位图图像，然后单击"位图"|"艺术笔触"|"印象派"命令，弹出"印象派"对话框，展开预览窗口，在"样式"选项区中选中"色块"单选按钮，并且在"技术"选项区中设置各项参数，单击"预览"按钮，如图 10-34 所示。

图 10-33　打开图形文件

图 10-34　设置参数

STEP 03 单击"确定"按钮，即可应用"印象派"滤镜效果，效果如图 10-35 所示。

专家提醒

　　在"印象派"对话框中，"样式"选项区用于设置笔刷的涂抹方式，包括笔触和色块两种样式；"技术"选项区中的各个选项可以调整笔触或色块的大小、着色效果以及图像的亮度。

图 10-35　应用"印象派"滤镜效果

3．点彩派效果

应用"点彩派"滤镜可以使位图图像产生一种用点绘画的绘图效果，整个画面都是由一个个彩色的点组成。

应用"点彩派"滤镜的具体操作步骤如下：

素　材：	素材\第 10 章\蝴蝶美女.cdr	效　果：	效果\第 10 章\蝴蝶美女.cdr
视　频：	视频\第 10 章\点彩派效果.mp4	关键技术：	"点彩派"命令

STEP 01 按【Ctrl＋O】组合键，打开素材图形文件，如图 10-36 所示。

STEP 02 选择绘图页面中的位图图像，单击"位图"|"艺术笔触"|"点彩派"命令，弹出"点彩派"对话框，展开预览窗口，然后单击"预览"按钮，如图 10-37 所示。

图 10-36　打开图形文件

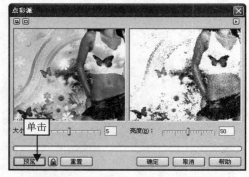

图 10-37　弹出"点彩派"对话框

STEP 03 单击"确定"按钮，即可应用"点彩派"滤镜，效果如图 10-38 所示。

4．素描效果

"素描"滤镜可以使位图图像产生素描、速写等手绘效果。

应用"素描"滤镜的具体操作步骤如下：

素　材：	素材\第 10 章\石雕艺术.cdr	效　果：	效果\第 10 章\石雕艺术.cdr
视　频：	视频\第 10 章\素描效果.mp4	关键技术：	"素描"命令

图 10-38　应用"点彩派"滤镜

STEP 01 按【Ctrl＋O】组合键，打开一个素材图形文件，如图 10-39 所示。

STEP 02 选择绘图页面中的位图图像，单击"位图"|"艺术笔触"|"素描"命令，弹出"素描"对话框，在其中设置各选项，如图 10-40 所示。

图 10-39　素材图形文件

图 10-40　设置参数

STEP 03 单击"确定"按钮，即可应用"素描"滤镜，效果如图 10-41 所示。

图 10-41　应用"素描"滤镜

🔍 技巧点拨

在"素描"对话框的"铅笔类型"选项区中，提供了"碳色"和"颜色"两种素描方式，设置为"碳色"素描方式，生成的图像呈黑白显示，设置为"颜色"素描方式，生成的图像呈彩色显示。

5．钢笔画效果

"钢笔画"滤镜可以使图像产生类似于使用钢笔所绘制的速写效果。

应用"钢笔画"滤镜的具体操作步骤如下：

	素　　材：	素材\第 10 章\角花.cdr	效　　果：	效果\第 10 章\角花.cdr
DVD	视　　频：	视频\第 10 章\钢笔画效果.mp4	关键技术：	"钢笔画"命令

STEP 01 按【Ctrl＋O】组合键，打开一个素材图形文件，如图 10-42 所示。

STEP 02 运用挑选工具选择位图图像，然后单击"位图"|"艺术笔触"|"钢笔画"命令，弹出"钢笔画"对话框，展开预览窗口，并在对话框中设置各参数，单击"预览"按钮，如图 10-43 所示。

图 10-42　打开图形文件

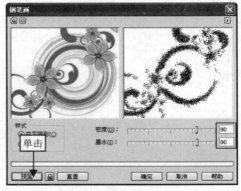

图 10-43　设置参数

STEP 03 单击"确定"按钮，即可应用"钢笔画"滤镜，效果如图 10-44 所示。

图 10-44　应用"钢笔画"滤镜

在"钢笔画"对话框中，"密度"数值框用于设置绘制图像的精细程度；"墨水"数值框用于设置钢笔笔触的大小。

10.2　其他位图滤镜

在 CorelDRAW X5 中，不仅能够为位图图像添加常用滤镜，另外还可以为图像添加杂点、扭曲、轮廓图、创造性、鲜明化和颜色变换的位图滤镜。运用这些位图滤镜，可以产生各种特殊效果，使设计的作品更具艺术感。

10.2.1　杂点

使用这些滤镜可以用来修改图像的颗粒，CorelDRAW X5 提供了 8 种杂点滤镜，即添加杂点、最大值、中间值、最小值、去除龟纹和去除杂点等滤镜。使用这些滤镜可以用来修改图像的颗粒。下面介绍几种最常用的方法。

1．添加杂点

使用"添加杂点"滤镜可以为图像添加颗粒状的杂点，从而得到一种光滑而不平板的感觉。

单击"位图"|"杂点"|"添加杂点"命令，弹出"添加杂点"对话框，在该对话框中的"杂点类型"选项区选择杂点的类型；拖动"层次"滑块调整所选类型的杂点强度；拖动"密度"滑块调整添加杂点的分布密度；在"颜色模式"选项区中选择一种模式。图 10-45 所示为执行"添加杂点"滤镜的前后效果。

图 10-45　执行"添加杂点"滤镜的前后效果

2．去除杂点

使用"去除杂点"滤镜可以减少扫描图像或者抓取视频图像中的杂点，使图像变柔和。

单击"位图"|"杂点"|"去除杂点"命令，弹出"去除杂点"对话框，在该对话框中若选中"自动"复选框，可以自动去除杂点；若不选中该复选框，可以拖动"阈值"滑块调整去除杂点的范围。图 10-46 所示为执行"去除杂点"滤镜的前后效果。

图 10-46　执行"去除杂点"滤镜的前后效果

10.2.2　扭曲

扭曲滤镜组包括块状效果、置换效果、偏移效果、像素效果、龟纹效果、旋涡效果、平滑效果、湿笔画效果、涡流效果以及风吹效果。下面将具体向读者介绍制作置换效果、旋涡效果以及风吹效果的方法。

1．置换效果

通过"置换"滤镜，可以将位图图像以选定的图案进行替换。

单击"文件"|"打开"命令，打开一幅素材图形文件，如图 10-47 所示。选择绘图页面中的位图图像，单击"位图"|"扭曲"|"置换"命令，弹出"置换"对话框，设置置换图案为第 3 排第 1 个，并在"水平"和"垂直"文本框中均输入 30，单击"确定"按钮，即可制作置换效果，效果如图 10-48 所示。

图 10-47　打开图形文件　　　　　　　　　　　　　图 10-48　置换效果

2．旋涡效果

使用"旋涡"滤镜，可以使位图图像产生一种以中心位置为旋转点的旋转效果。

单击"文件"|"打开"命令，打开一幅素材图形文件，如图 10-49 所示。选择位图图像，单击"位图"|"扭曲"|"旋涡"命令，弹出"旋涡"对话框，设置"大小"为 10，单击"确定"按钮，即可制作旋涡效果，效果如图 10-50 所示。

图 10-49　打开图形文件

图 10-50　旋涡效果

3．风吹效果

使用"风吹效果"滤镜，可以为位图图像创建一种风吹过的效果。

单击"文件"|"打开"命令，打开一幅素材图形文件，如图 10-51 所示。选择位图图像，单击"位图"|"扭曲"|"风吹效果"命令，弹出"风吹效果"对话框，设置"浓度"、"角度"值分别为 100 和 315，单击"确定"按钮，即可制作风吹效果，如图 10-52 所示。

图 10-51　打开图形文件

图 10-52　风吹效果

实战范例——轮廓图

在"轮廓图"滤镜的子菜单中有 3 种滤镜，即边缘检测滤镜、查找边缘滤镜和跟踪轮廓滤镜。使用"轮廓图"滤镜命令可以突出和增强图像的边缘部分。

1．边缘检测

"边缘检测"滤镜用于查找位图中各个对象的边缘，然后将其转换为曲线，产生轮廓发光的效果。

应用"边缘检测"滤镜的具体操作步骤如下：

	素　　材：	素材\第 10 章\家具.cdr	效　　果：	效果\第 10 章\家具.cdr
	视　　频：	视频\第 10 章\边缘检测.mp4	关键技术：	"边缘检测"命令

STEP 01　按【Ctrl＋O】组合键，打开一个素材图形文件，如图 10-53 所示。

STEP 02 运用挑选工具选择位图图像，单击"位图"|"轮廓图"|"边缘检测"命令，弹出"边缘检测"对话框，展开预览窗口，在"灵敏度"数值框中输入 5，单击"预览"按钮，如图 10-54 所示。

图 10-53　打开图形文件

图 10-54　设置参数

STEP 03 单击"确定"按钮，即可应用"边缘检测"滤镜，效果如图 10-55 所示。

图 10-55　应用"边缘检测"滤镜

🔍 技巧点拨

在"边缘检测"对话框的"背景色"选项区中，通过选中"白色"或"黑"单选按钮，可以设置图像的背景色为白色或黑色。

2. 查找边缘

使用"查找边缘"滤镜可以找到图像中各个对象的边缘，将其转换为柔和的或者尖锐的曲线。

选择一幅位图图像，单击"位图"|"轮廓图"|"查找边缘"命令，弹出"查找边缘"对话框，在该对话框中的"边缘类型"选项区，用于选择边缘类型；拖动"层次"滑块可以调整查找边缘的强烈程度。

如图 10-56 所示为执行"查找边缘"滤镜的前后效果。

图 10-56　执行"查找边缘"滤镜的前后效果

实战范例——创造性

"创造性"滤镜组提供了 14 种滤镜特效，运用这些特效，可以模仿生成工艺品、纺织物的表面，也可为图像添加框架和天气等效果，是用户制作精美创意的好帮手。

1．工艺效果

"工艺"滤镜是将系统提供的工艺样式应用于选择的位图图像上，从而使图像产生拼贴效果。

应用"工艺"滤镜的具体操作步骤如下：

素　　材：	素材\第 10 章\物品.cdr	效　　果：	效果\第 10 章\物品.cdr
视　　频：	视频\第 10 章\工艺效果.mp4	关键技术：	"工艺"命令

STEP 01　打开素材图形文件，如图 10-57 所示。

STEP 02　运用挑选工具选择位图图像，单击"位图"|"创造性"|"工艺"命令，弹出"工艺"对话框，展开预览窗口，在对话框中设置各个参数，如图 10-58 所示。

图 10-57　打开图形文件　　　　　　　　　图 10-58　设置各个参数

STEP 03　单击"确定"按钮，即可应用"工艺"滤镜特效，效果如图 10-59 所示。

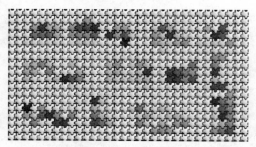

图 10-59　应用"工艺"滤镜

2. 织物效果

运用"织物"滤镜，可以为位图图像添加不同类型织物的底纹效果。

应用"织物"滤镜的具体操作步骤如下：

素　　材：	素材\第 10 章\创意造型.cdr	效　　果：	效果\第 10 章\创意造型.cdr
视　　频：	视频\第 10 章\织物效果.mp4	关键技术：	"织物"命令

STEP 01　按【Ctrl＋O】组合键，打开一个素材图形文件，如图 10-60 所示。

STEP 02　选择绘图页面中的位图图像，单击"位图"|"创造性"|"织物"命令，弹出"织物"对话框，展开预览窗口，在"样式"列表框中选择"刺绣"选项，并设置"大小"为 30，如图 10-61 所示。

图 10-60　打开图形文件

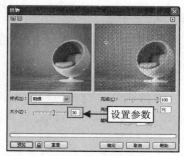

图 10-61　设置参数

STEP 03　单击"确定"按钮，即可应用"织物"滤镜特效，效果如图 10-62 所示。

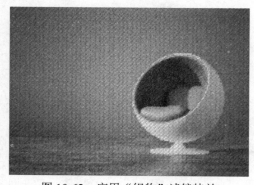

图 10-62　应用"织物"滤镜特效

3．框架效果

使用"框架"滤镜，可以为位图图像的边缘创建一个画框效果。

制作框架效果的具体操作步骤如下：

素　　材：	素材\第 10 章\草莓.cdr	效　　果：	效果\第 10 章\草莓.cdr
视　　频：	视频\第 10 章\框架效果.mp4	关键技术：	"框架"命令

STEP 01 单击"文件"|"打开"命令，打开一幅素材图形文件，如图 10-63 所示。

STEP 02 选择绘图页面中的位图图像，单击"位图"|"创造性"|"框架"命令，弹出"框架"对话框，单击"预览"按钮，如图 10-64 所示。

图 10-63　打开图形文件

图 10-64　弹出"框架"对话框

STEP 03 单击"修改"标签，切换至"修改"选项卡，设置"颜色"为黑色，单击"预览"按钮，如图 10-65 所示。

STEP 04 单击"确定"按钮，即可制作框架效果，效果如图 10-66 所示。

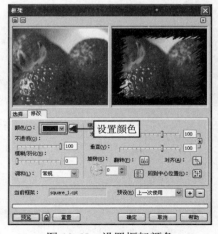

图 10-65　设置框架颜色

图 10-66　制作框架效果

4. 天气效果

"天气"滤镜可以为位图图像添加雪、雨、雾 3 种天气特效，以模仿自然界真实的天气现象。

应用"天气"滤镜的具体操作步骤如下：

		素　　材：	素材\第 10 章\红酒.cdr	效　　果：	效果\第 10 章\红酒.cdr
		视　　频：	视频\第 10 章\天气效果.mp4	关键技术：	"天气"命令

STEP 01 打开素材图形文件，如图 10-67 所示。

STEP 02 选择位图图像，单击"位图"|"创造性"|"天气"命令，弹出"天气"对话框，展开预览窗口，选中"雪"单选按钮，设置"浓度"值为 10，如图 10-68 所示。

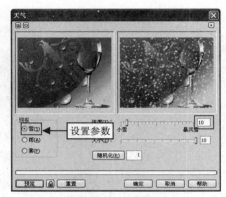

图 10-67　打开图形文件　　　　　　　图 10-68　设置各个参数

STEP 03 单击"确定"按钮，即可应用"天气"滤镜特效，效果如图 10-69 所示。

图 10-69　应用"天气"滤镜

技巧点拨

　　在"框架"对话框的"修改"选项卡中，用户可根据需要设置边框的不透明、模糊/羽化以及调和等效果。

10.2.3　鲜明化

使用"鲜明化"滤镜可以找到图像的边缘并提高相邻像素与背景之间的对比度来突出图像的边缘，使图像轮廓更鲜明、锐化。

单击"位图"|"鲜明化"|"鲜明化"命令，弹出"鲜明化"对话框，在该对话框中拖动"边缘层次"滑块调整鲜明化的强弱，拖动"阈值"滑块调整鲜明化区域的大小，选中"保护颜色"复选框，可以将效果应用于像素的亮度值。如图 10-70 所示为执行"鲜明化"滤镜的前后效果。

图 10-70　执行"鲜明化"滤镜的前后效果

实战范例——颜色变换

"颜色转换"滤镜组中的滤镜特效主要用于改变位图的色彩，使图像产生奇特的色彩变化，从而创建出丰富多彩的色彩效果。

1．位平面效果

"位平面"滤镜可以将位图中的颜色减少到基本 RGB 颜色，并使用纯色来表现色彩。

应用"位平面"滤镜的具体操作步骤如下：

	素　　材：	素材\第 10 章\烛.cdr	效　　果：	效果\第 10 章\烛.cdr
	视　　频：	视频\第 10 章\位平面效果.mp4	关键技术：	"位平面"命令

STEP 01　按【Ctrl＋O】组合键，打开需要的素材图形文件，如图 10-71 所示。

STEP 02　单击"位图"|"颜色转换"|"位平面"命令，弹出"位平面"对话框，展开预览窗口，取消选中"应用于所有位面"复选框，并在对话框中设置其他各项参数，单击"预览"按钮，如图 10-72 所示。

图 10-71　打开图形文件

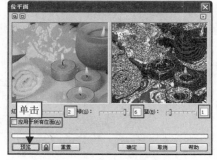

图 10-72　设置各参数

STEP 03 单击"确定"按钮，即可应用"位平面"滤镜效果，效果如图 10-73 所示。

图 10-73　应用"位平面"滤镜

专家
提醒

在"位平面"对话框中，选中"应用于所有位面"复选框，拖曳"红"、"绿"、"蓝"中的任意滑块，可同时调整这 3 种颜色在图像中色块的范围。

2．梦幻色调

"梦幻色调"滤镜可以将位图中的颜色转换为具有梦幻效果的色调。

选择绘图页面中的位图图像，单击"位图"|"颜色转换"|"梦幻色调"命令，弹出"梦幻色调"对话框，展开预览窗口，在"层次"数值框中输入 170，单击"预览"按钮，如图 10-74 所示。单击"确定"按钮，即可应用"梦幻色调"滤镜效果，如图 10-75 所示。

图 10-74　设置参数

图 10-75　应用"梦幻色调"滤镜

10.3　输入图像

运用 CorelDRAW X5 进行绘图设计时，经常需要用到图像文件，用户可以通过扫描仪、数码相机、图像素材光盘或网络等方式获取需要的图像。

实战范例——使用图像素材光盘

市场上有许多专业的图像素材库模板，为设计者提供了丰富的素材库，可以帮助用户设计出更为精美的作品。具体操作如下：

STEP 01 将图像素材光盘放置在计算机光驱内，在桌面上双击"我的电脑"图标，打开"我的电脑"窗口，如图 10-76 所示。双击窗口中的光驱图标，打开一个以光驱名称命名的窗口，选择第一个图像素材文件，单击鼠标右键，在弹出的快捷菜单中选择"复制"选项，复制图像素材，如图 10-77 所示。

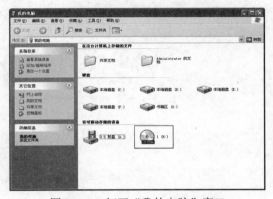

图 10-76　打开"我的电脑"窗口

图 10-77　复制图像素材

STEP 02 返回系统桌面，单击鼠标右键，在弹出的快捷菜单中选择"粘贴"选项，粘贴复制的图像素材，如图 10-78 所示。切换至 CorelDRAW X5 的绘图页面，单击"文件"|"导入"命令，如图 10-79 所示。

图 10-78　粘贴图像素材

图 10-79　单击"导入"命令

STEP 03 弹出"导入"对话框，选择需要导入的图像素材，如图 10-80 所示。

STEP 04 单击"导入"按钮，然后将鼠标移至绘图页面的合适位置，单击鼠标左键，即可导入光盘中的图像素材，效果如图 10-81 所示。

图 10-80　弹出"导入"对话框

图 10-81　导入光盘中的图像素材

实战范例——使用数码相机

数码相机是一种新兴的获取数字化图像的设备，若用户需要将数码相机中的图像输入到计算机中，首先需要安装好数码相机的驱动程序，并用数据线将数码相机与计算机进行连接。

STEP 01 用数据线将数码相机连接到计算机上，单击"文件" | "获取图像" | "获取"命令，如图 10-82 所示。弹出获取图片对话框，选择需要获取的图片，如图 10-83 所示。

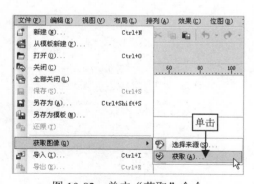

图 10-82　单击"获取"命令

图 10-83　获取图片对话框

STEP 02 单击"获取图片"按钮，即可将选择的图片文件获取到绘图页面中，如图 10-84 所示。

图 10-84　获取图片

实战范例——使用扫描仪

运用扫描仪可以将需要的图像或照片文件扫描到计算机。

STEP 01 将需要扫描的对象放置在扫描仪中，启动扫描仪应用程序 MiraScan6，如图 10-85 所示。

STEP 02 在"扫描目的地信息"选项区中设置保存图片的位置，单击"预览"按钮，预览需要扫描的对象，如图 10-86 所示。

图 10-85　启动扫描仪应用程序

图 10-86　预览需扫描的对象

STEP 01 单击"扫描"按钮，弹出提示信息框，显示对象扫描进度，如图 10-87 所示。

STEP 02 扫描完成后，系统自动弹出一个以当前日期命名的窗口，其中包含了扫描的图片，如图 10-88 所示。

图 10-87　弹出提示信息框

图 10-88　扫描后的图片

STEP 03 然后在 CoreDRAW X5 中执行"导入"命令，将扫描后的图像文件导入到绘图页面中，效果如图 10-89 所示。

图 10-89　导入扫描的图像

实战范例——使用其他方法

用户可以通过网络下载需要的图片，然后将其输入到 CorelDRAW X5 中进行编辑。

STEP 01 进入百度搜索网站，单击"图片"标签，然后在搜索文本框中输入"风景"文本，如图 10-90 所示。

STEP 02 单击"百度一下"按钮，即可搜索到网络上相关的风景图片，将鼠标移至需要打开的风景图像上方，鼠标指针呈手形，如图 10-91 所示。

图 10-90　进入百度搜索网站

图 10-91　定位风景图片

STEP 03 单击鼠标左键，即可打开选择的图像文件，如图 10-92 所示。

STEP 04 然后在图像上方单击鼠标右键，在弹出的快捷菜单中选择"图片另存为"选项，如

图 10-93 所示。

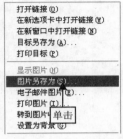

图 10-92　打开图像文件　　　　　　　　　图 10-93　选择"图片另存为"选项

STEP 05 弹出"图像另存为"对话框，选择需要保存图像文件的路径，如图 10-94 所示。

STEP 06 单击"保存"按钮，即可保存图像文件，然后在 CorelDRAW X5 中执行"导入"命令，将网上下载的图像文件导入到绘图页面中，效果如图 10-95 所示。

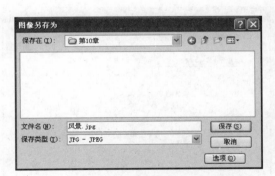

图 10-94　弹出"图像另存为"对话框　　　　　图 10-95　导入下载的图像文件

10.4　设置打印

在 CorelDRAW X5 中对图形或图像对象编辑完成后，即可将对象进行打印输出，但在输出之前，用户还需进行一系列的操作，包括添加打印机、设置打印页面、进行打印预览和设置打印选项等。

实战范例——添加打印机

打印作品之前，需先添加一个打印机，才能继续进行下一步的操作。

STEP 01 单击"开始"|"控制面板"命令，打开"控制面板"窗口，在该窗口中双击"打印机和传真"图标🖨，如图 10-96 所示。

STEP 02 打开"打印机和传真"窗口，单击"打印机任务"选项区中的"添加打印机"超链接，如图 10-97 所示。

图 10-96　双击"打印机和传真"图标

图 10-97　单击"添加打印机"超链接

STEP 03 弹出"添加打印机向导"对话框，如图 10-98 所示。

STEP 04 单击"下一步"按钮，进入"本地或网络打印机"界面，选中"连接到此计算机的本地打印机"单选按钮，如图 10-99 所示。

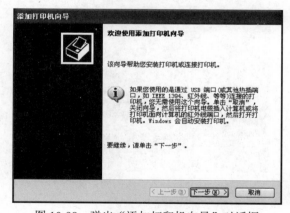

图 10-98　弹出"添加打印机向导"对话框

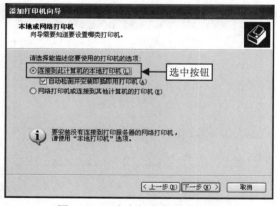

图 10-99　选中相应的单选按钮

STEP 05 单击"下一步"按钮，进入"新打印机检测"界面，开始检测新打印机，如图 10-100 所示。

STEP 06 检测完成后，显示检测的相关信息，如图 10-101 所示。

STEP 07 单击"下一步"按钮，进入"选择打印机端口"界面，如图 10-102 所示。

STEP 08 单击"下一步"按钮，进入"安装打印机软件"界面，在其中设置相应的"厂商"和"打印机"，如图 10-103 所示。

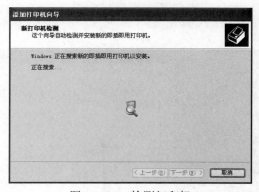

图 10-100 检测打印机

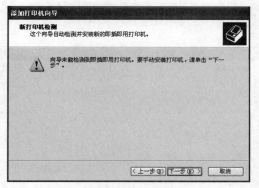

图 10-101 显示检测信息

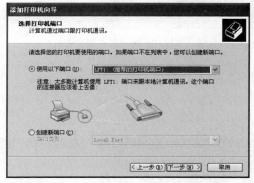

图 10-102 进入"选择打印机端口"界面

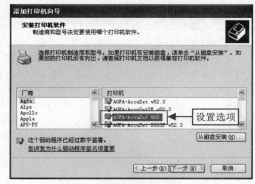

图 10-103 设置"厂商"和"打印机"

STEP 09 单击"下一步"按钮,进入"命名打印机"的界面,保持默认名称不变,如图 10-104 所示。

STEP 10 单击"下一步"按钮,进入"打印机共享"界面,选中"不共享这台打印机"单选 按钮,如图 10-105 所示。

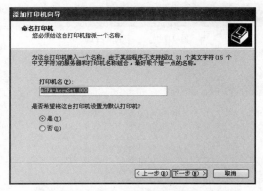

图 10-104 进入"命名打印机"界面

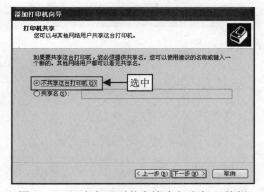

图 10-105 选中"不共享这台打印机"按钮

STEP 11 单击"下一步"按钮,进入"打印测试页"界面,选中"是"单选按钮,如图 10-106 所示。

STEP 12 单击"下一步"按钮，即可进入"正在完成添加打印机向导"界面，如图 10-107 所示。

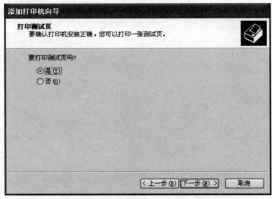
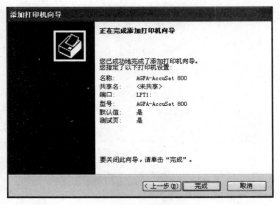

图 10-106　进入"打印测试页"界面　　　　图 10-107　完成界面

STEP 13 单击"完成"按钮，弹出提示信息框，如图 10-108 所示。

STEP 14 单击"确定"按钮，即可完成打印机的添加，此时，在"打印机和传真"窗口中将显示添加的打印机图标，效果如图 10-109 所示。

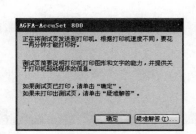
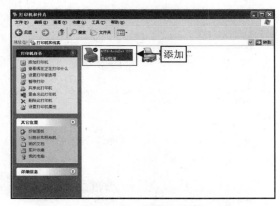

图 10-108　弹出提示信息框　　　　图 10-109　添加打印机

实战范例——设置打印页面

设置打印页面包括对页面方向、纸张规格的设置。

设置打印页面的具体操作步骤如下：

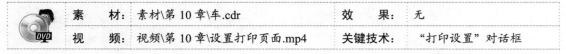

	素　材：素材\第 10 章\车.cdr	效　果：无
	视　频：视频\第 10 章\设置打印页面.mp4	关键技术："打印设置"对话框

STEP 01 单击"文件"|"打开"命令，打开一个图形文件，如图 10-110 所示。

STEP 02 单击"文件"|"打印设置"命令，弹出"打印设置"对话框，单击"首选项"按钮，如图 10-111 所示。

图 10-110　打开图形文件

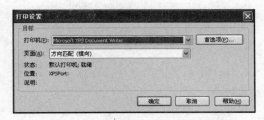

图 10-111　弹出"打印设置"对话框

STEP 03 弹出文档属性对话框，单击"布局"标签，切换至"布局"选项卡，在其中设置各个选项，如图 10-112 所示。

STEP 04 单击"高级"按钮，弹出"高级选项"对话框，单击"纸张规格"列表框右侧的下三角按钮，在弹出的列表框中选择"A3"选项，如图 10-113 所示，依次单击"确定"按钮，即可完成文件页面的设置。

图 10-112　设置各个选项

图 10-113　设置高级选项

进行打印预览

对打印页面进行设置后，用户可对需打印的作品进行打印预览，以查看打印效果是否满意。

单击"文件"|"打开"命令，打开一幅素材图形文件，如图 10-114 所示。单击"文件"|"打印印览"命令，即可对绘图页面中的对象进行打印预览，如图 10-115 所示。

图 10-114　打开图形文件

图 10-115　打印预览

实战范例——设置打印选项

为了能够正确地实现打印输出，在打印前必须对打印的相关选项进行设置。

设置打印选项的具体操作步骤如下：

素　材：无		效　果：无
视　频：视频\第 10 章\设置打印选项.mp4		关键技术："打印"对话框

STEP 01 单击"文件"|"打印"命令，弹出"打印"对话框，在"常规"选项卡的"副本"选项区中设置"份数"为 4，如图 10-116 所示。

STEP 02 单击"布局"标签，切换至"布局"选项卡，选中"将图像重定位到"单选按钮，如图 10-117 所示。

图 10-116　设置"份数"

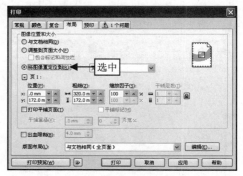

图 10-117　选中"将图像重定位到"选项卡

STEP 03 单击"颜色"标签，切换至"颜色"选项卡，选中"分色打印"复选框，如图 10-118 所示。

STEP 04 切换至"预印"选项卡，选中"反显"和"镜像"复选框，如图 10-119 所示，单击"打印"按钮，即可打印图形文件。

图 10-118　切换至"分色"选项卡

图 10-119　切换至"预印"选项卡

■ 10.5　输出图像

用户设计的作品除了打印输出外，也可输出为相应格式的文件。本节将主要讲解作品的输出知识，包括输出前的准备、PDF 输出、输出为 Web 页等。

实战范例——输出准备

在 CorelDRAW X5 中制作完成的作品，若要将其出版，首先必须交由输出中心输出为印刷用的网片，再经过拼版、制作等流程后，制作成印刷版送往印刷厂。

进行输出准备的具体操作步骤如下：

素　　材：	素材\第 10 章\火焰.mp4	效　　果：	视频\第 10 章\火焰.pdf
视　　频：	视频\第 10 章\输出准备.mp4	关键技术：	"收集用于输出"命令

STEP 01 在 CorelDRAW X5 中完成作品的制作后，单击"文件"|"收集用于输出"命令，弹出"收集用于输出"对话框，选中"自动收集所有与文档相关的文件"单选按钮，如图 10-120 所示。

STEP 02 单击"下一步"按钮，则可显示与打印相关的信息，如图 10-121 所示。

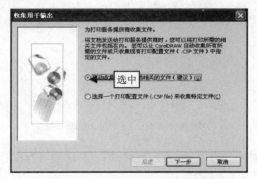

图 10-120　选中相应的单选按钮

图 10-121　打印信息

STEP 03 单击"下一步"按钮，进入颜色设置，如图 10-122 所示。

STEP 04 单击"下一步"按钮，进入设置输出文件位置的界面，通过单击"浏览"按钮，设置好输出文件的位置，如图 10-123 所示。

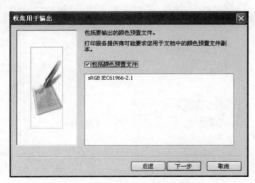

图 10-122　生成 PDF 界面

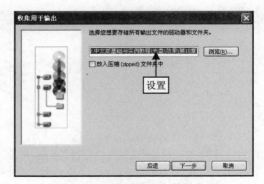

图 10-123　设置输出文件的位置

STEP 05 单击"下一步"按钮，显示文件的输出进度，如图 10-124 所示。

STEP 06 进度条进程完成后，进入输出的完成界面，如图 10-125 所示，单击"完成"按钮，即可完成输出前的准备。

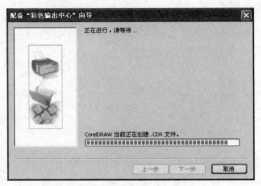

图 10-124　显示输出进度

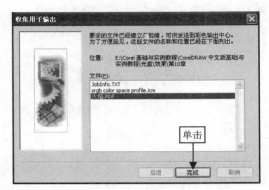

图 10-125　完成输出准备

实战范例——PDF 输出

PDF 是由 Adobe Acrobat 软件生成的文件格式，该格式可以保存多页信息，包括文本、图像和图形，这种格式还支持超链接。

PDF 输出的具体操作步骤如下：

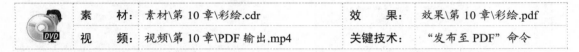

	素　材：	素材\第 10 章\彩绘.cdr	效　果：	效果\第 10 章\彩绘.pdf
	视　频：	视频\第 10 章\PDF 输出.mp4	关键技术：	"发布至 PDF"命令

STEP 01 单击"文件"|"发布至 PDF"命令，弹出"发布至 PDF"对话框，设置保存的位置和保存的文件名，如图 10-126 所示。

STEP 02 单击"设置"按钮，弹出另一个"PDF 设置"对话框，如图 10-127 所示。

图 10-126　设置路径和文件名

图 10-127　弹出"PDF 设置"对话框

STEP 03 单击"对象"标签，切换至"对象"选项卡，选中"将所有文本导出为曲线"复选框，并在"JPEG"数值框中输入 50，如图 10-128 所示。

STEP 04 单击"文档"标签，切换至"文档"选项卡，选中"生成缩略图"复选框和"书签"单选按钮，如图 10-129 所示。

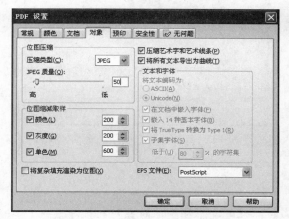

图 10-128　切换至"对象"选项卡

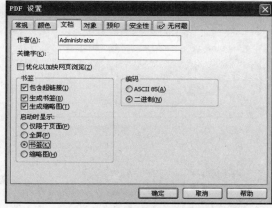

图 10-129　切换至"文档"选项卡

STEP 05 单击"预印"标签，切换至"预印"选项卡，选中"出血"复选框，并在后方的数值框中输入 3mm，再选中"文件信息"复选框，如图 10-130 所示。

STEP 06 单击"安全性"标签，切换至"安全性"选项卡，选中"打开口令"复选框，并在"口令"和"确认打开口令"文本框中输入需要的口令，如图 10-131 所示。

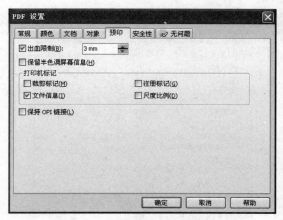

图 10-130　切换至"预印"选项卡

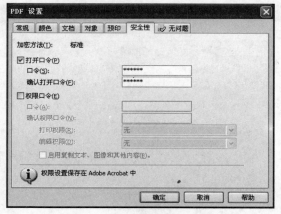

图 10-131　切换至"安全性"选项卡

STEP 07 单击"文档"标签，切换至"文档"选项卡，选中"优化以加快网页浏览"复选框，如图 10-132 所示。

STEP 08 切换至"无问题"选项卡，单击"设置"按钮，弹出"印前检查设置"对话框，在其中进行相应设置，如图 10-133 所示，依次单击"确定"和"保存"按钮，即可将图形文件输出为 PDF。

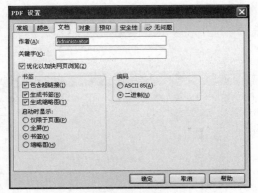

图 10-132　切换至"文档"选项卡

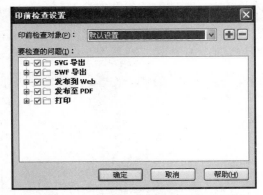

图 10-133　弹出"印前检查设置"对话框

实战范例——输出 Web 页

CorelDRAW X5 支持 Web 格式，用户可以将制作的文本和图形对象发布到互联网上。

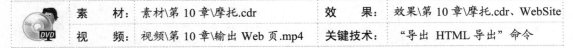

| 素　材： | 素材\第 10 章\摩托.cdr | 效　果： | 效果\第 10 章\摩托.cdr、WebSite |
| 视　频： | 视频\第 10 章\输出 Web 页.mp4 | 关键技术： | "导出 HTML 导出"命令 |

STEP 01　打开需要输出为 Web 页的图形文件，如图 10-134 所示。

STEP 02　单击"文件"|"导出 HTML"命令，弹出"导出 HTML"对话框，如图 10-135 所示。

图 10-134　打开图形文件

图 10-135　弹出"导出 HTML"对话框

STEP 03　单击"目标"选项区中的"浏览"按钮，弹出"选择目录"对话框，在其中设置文件的发布路径，如图 10-136 所示。

STEP 04　依次单击"确定"按钮，即可将图形文件输出为 Web 页，找到 Web 页的保存位置，双击鼠标左键，即可预览输出的 Web 页，效果如图 10-137 所示。

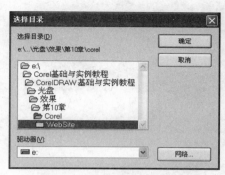

图 10-136　设置发布路径

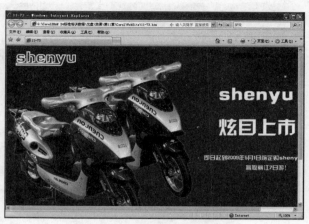

图 10-137　预览输出的 Web 页

10.6　本章小结

　　本章主要介绍了应用位图滤镜的操作方法，包括应用相机滤镜、应用高斯式等模糊效果、应用柱面等三维滤镜效果、应用印象派等艺术笔触效果、添加和去除杂点效果等。另外，本章还介绍了图形文件的打印、输入与输出。熟悉 CorelDRAW X5 中的位图滤镜，使用户能够合理应用滤镜效果，使设计作品更具艺术魅力，掌握图形文件的输出方法，使用户方便地输出绘制完成的作品。

10.7　习题测试

　　一、填空题

　　（1）三维效果包括_____、_____、_____、_____、_____、挤远/挤近和球面效果。

　　（2）模糊滤镜组包括定向平滑效果、_____、_____、_____、_____和动态模糊效果。

　　（3）使用"_____"滤镜可以为图像添加颗粒状的杂点，从而得到一种光滑而不平板的感觉。

　　（4）通过"_____"滤镜，可以将位图图像以选定的图案进行替换。

　　（5）单击"文件"|"_____"命令，即会弹出"发布到 Web"对话框。

　　二、操作题

　　（1）运用本章所学知识为下面的素材图片应用"天气"滤镜，如图 10-138 所示。

　　（2）运用本章所学知识为下面的素材图片应用"织物底纹"滤镜，如图 10-139 所示。

图 10-138　应用天气滤镜的前后效果

图 10-139　应用织物底纹滤镜的前后效果

第 **11** 章　职业案例综合运用

通过前面10章的讲解，相信读者已经可以对CorelDRAW X5进行熟练操作了。本章将带领读者运用CorelDRAW X5设计卡片、相机广告、汽车广告、房产广告以及手提袋，运用实战演练，其内容将CorelDRAW X5的各个知识点进行了融合，使读者在巩固基础知识的同时，掌握各种商业作品的设计技巧。

 本 章 重 点

- 会员卡制作实例
- NIKO 相机制作实例
- 汽车广告制作实例
- 房产广告制作实例
- 梅竹家园手提袋制作实例

 实 例 效 果 欣 赏

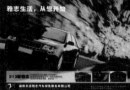

 视 频 演 示

11.1　会员卡制作实例

随着时代的发展，各种各样的卡片广泛应用于商务活动中，它们在推销各类产品的同时，还起着展示、宣传企业信息的作用，运用 CorelDRAW 可以方便且快捷地制作出各类卡片。

本实例的最终效果如图 11-1 所示。

图 11-1　会员卡

实战范例——制作背景效果

制作背景效果的具体操作步骤如下：

素　　材：	素材\第 11 章\背景.jpg、美女.cdr、草丛.cdr	效　　果：	效果\第 11 章\制作背景效果
视　　频：	视频\第 11 章\制作背景效果.mp4	关键技术：	矩形工具、图框精确剪裁

STEP 01 新建一个"宽度"、"高度"分别为 90mm 和 60mm 的空白图形文件，选择工具箱中的矩形工具，在工具属性栏中设置矩形 4 个角的边角圆滑度均为 10，将鼠标移至绘制页面的合适位置，按住鼠标左键并向右下角拖曳，至合适位置后释放鼠标左键，绘制一个圆角矩形，如图 11-2 所示。

STEP 02 单击"文件"|"导入"命令，导入一幅背景图像，调整至合适的大小，并将其置于圆角矩形的下方，如图 11-3 所示。

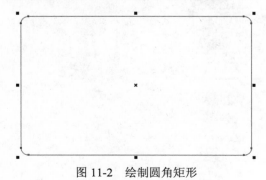

图 11-2　绘制圆角矩形　　　　　　　　图 11-3　导入背景图像

STEP 03　单击"效果"|"图框精确剪裁"|"放置在容器中"命令，鼠标指针呈黑色的箭头形状，将鼠标移至圆角矩形内，如图 11-4 所示。

STEP 04　单击鼠标左键，创建图框精确剪裁效果，并清除图形轮廓，如图 11-5 所示。

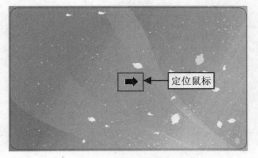

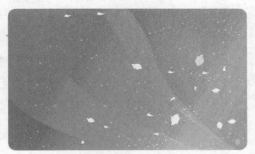

图 11-4　定位鼠标　　　　　　　　　　　　　　图 11-5　创建图框精确剪裁效果

STEP 05　单击"文件"|"导入"命令，导入一幅素材图形文件，如图 11-6 所示。

STEP 06　单击"效果"|"图框精确剪裁"|"放置在容器中"命令，鼠标指针呈黑色箭头形状，将鼠标移至圆角矩形内，如图 11-7 所示。

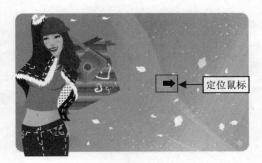

图 11-6　导入素材图形　　　　　　　　　　　　　图 11-7　定位鼠标

STEP 07　单击鼠标左键，创建图框精确剪裁效果，如图 11-8 所示。

STEP 08　在图形对象上单击鼠标右键，弹出快捷菜单，选择"编辑内容"选项，圆角矩形内的所有对象呈可编辑状态，如图 11-9 所示。

图 11-8　创建图框精确剪裁效果　　　　　　　　　图 11-9　对象呈可编辑状态

STEP **09** 将人物图形移至圆角矩形内的合适位置，如图 11-10 所示。

STEP **10** 单击鼠标右键，在弹出的快捷菜单中选择"结束编辑"选项，即可完成图框精确剪裁效果的编辑，如图 11-11 所示。

图 11-10　调整图形位置

图 11-11　完成图形编辑

STEP **11** 单击"文件"|"导入"命令，导入一幅素材图形文件，如图 11-12 所示。

STEP **12** 单击"效果"|"图框精确剪裁"|"放置在容器中"命令，鼠标指针呈黑色的箭头形状，如图 11-13 所示。

图 11-12　导入素材图形

定位鼠标

图 11-13　定位鼠标

STEP **13** 单击鼠标左键，即可创建图框精确剪裁效果，如图 11-14 所示。

STEP **14** 通过编辑内容将精确剪裁效果中的素材图形调整至合适位置，效果如图 11-15 所示。

图 11-14　创建图框精确剪裁效果

图 11-15　编辑内容

STEP **15** 选择整个圆角矩形，再选择工具箱中的交互式阴影工具，在工具属性栏的"预设列表"列表框中选择"平面右下"选项,设置"阴影的不透明度"与"阴影羽化"分别为 70、5,并手动调整阴影的偏移距离,效果如图 11-16 所示。

STEP 16 选择工具箱中的矩形工具,设置"左边矩形的边角圆滑度"为 80,其他都为 0,在绘图页面的合适位置绘制一个矩形,如图 11-17 所示。

图 11-16 添加阴影效果

图 11-17 绘制矩形

STEP 17 在调色板中设置矩形的"填充色"为绿色、"轮廓色"为无,效果如图 11-18 所示。

STEP 18 复制绘制的矩形,填充为黑色,将其调整至绿色矩形的下方,并通过按键盘上的【↓】和【←】键,调整黑色矩形位置,效果如图 11-19 所示。

图 11-18 填充矩形

图 11-19 复制并填充矩形

实战案例——制作文本效果

制作文字效果的具体操作步骤如下:

	素　材:	无		效　果:	效果\第 11 章\制作文字效果
	视　频:	视频\第 11 章\制作文本效果.mp4	关键技术:		文本工具

STEP 01 选择工具箱中的文本工具,在绘图页面的合适位置输入"VIP 尊享会员卡"文本,如图 11-20 所示。

STEP 02 设置输入文本的"字体"为"方正超粗黑简体"、"字体大小"为 16pt,如图 11-21 所示。

STEP 03 将文本进行复制,设置文本颜色为白色,并将其调整至合适位置,如图 11-22 所示。

图 11-20　输入文本

图 11-21　设置文本属性

STEP 04 在"VIP 尊享会员卡"文本的右上方输入"靓丽女人"文本，设置"字体"为"方正姚体"、"字体大小"为 12pt，如图 11-23 所示。

图 11-22　复制并调整文本

图 11-23　输入并设置文本

STEP 05 运用文本工具在绘图页面的合适位置输入 NO:8888 文本，设置"字体"为 Times New Roman、"字体大小"为 9pt，如图 11-24 所示。

STEP 06 将输入的文本进行复制，设置颜色为白色，并调整至合适的位置，效果如图 11-25 所示。

图 11-24　输入并设置文本

图 11-25　复制并调整文本

11.2　NIKO 相机制作实例

　　本实例属于 POP 广告，POP 广告是一种比较直接、灵活的广告宣传形式，它是产品销售活动中的最后一个环节，能在商品销售的现场营造良好的商业气氛，直接刺激消费者的视觉、触觉以及听觉神经，引起消费冲动，产生购买欲望和行为。

本实例的最终效果如图 11-26 所示。

图 11-26　会员卡

实战范例——制作背景效果

制作背景效果的具体操作步骤如下：

素　材：	素材\第 11 章\相机.psd、美女01.jpg、荷叶.jpg	效　果：	效果\第 11 章\背景效果
视　频：	视频\第 11 章\制作背景效果.mp4	关键技术：	"导入"命令、图框精确剪裁

STEP 01　新建一个"宽度"为 297mm、"高度"为 180mm 的空白图形文件，在工具箱的矩形工具上双击鼠标左键，绘制一个与页面相同大小的矩形，如图 11-27 所示。

STEP 02　单击"文件"|"导入"命令，导入一幅相机图像素材，调整至合适的大小和位置，并置于矩形的下方，如图 11-28 所示。

图 11-27　绘制矩形

图 11-28　导入图像素材

STEP 03　单击"效果"|"图框精确剪裁"|"放置在容器中"命令，鼠标指针呈黑色的箭头形头，将鼠标移至矩形内，如图 11-29 所示。

STEP 04　单击鼠标左键，创建图框精确剪裁效果，将精确剪裁效果中的相机图像调整至合适位置，并清除图形轮廓，效果如图 11-30 所示。

图 11-29　定位鼠标

图 11-30　创建图框精确剪裁效果

STEP 05 选择工具箱中的矩形工具，在相机上方绘制一个合适大小的矩形，设置"填充色"为蓝色（CMYK 颜色的参数值分别为 99、87、0、0）、"轮廓色"为无，如图 11-31 所示。

STEP 06 选择工具箱中的交互式透明工具，在工具属性栏中设置"透明度类型"为"标准"、"透明度操作"为"常规"、"开始透明度"为 60，效果如图 11-32 所示。

图 11-31　绘制矩形

图 11-32　添加透明效果

STEP 07 运用矩形工具在透明图形的上方绘制一个小矩形，设置"填充色"为白色、"轮廓色"值为 2，如图 11-33 所示。

STEP 08 将白色矩形进行复制，并调整至合适的位置，效果如图 11-34 所示。

图 11-33　绘制矩形

图 11-34　复制矩形

STEP 09 单击"文件"|"导入"命令，导入一幅图像素材，调整至合适大小和位置，如图 11-35 所示。

STEP 10 用与上同样的方法，导入另外一幅图像素材，并进行相应的调整，效果如图 11-36 所示。

图 11-35　导入图像素材

图 11-36　导入另一幅图像素材

实战范例——制作文本效果

制作文本效果的具体操作步骤如下：

素　材：	无		效　果：	效果\第 11 章\制作文本效果	
视　频：	视频\第 11 章\制作文本效果.mp4		关键技术：	输入文本	

STEP 01 选择工具箱中的文本工具，在绘图页面的合适位置输入 NIKO 文本，设置"字体"为方正大标宋、"字体大小"为 84pt、"填充色"为蓝色（CMYK 颜色参数值分别为 100、100、0、0），如图 11-37 所示。

STEP 02 运用文本工具在 NIKO 文本的上方输入 Cyber-Shot 文本，并设置"字体"为 Arial、"填充色"为蓝色，如图 11-38 所示。

图 11-37　输入并设置文本

图 11-38　输入文本

STEP 03 运用文本工具在相机上方输入"高清大图"文本，设置"字体"为"方正超粗黑简体"、"字体大小"为 55pt、"填充色"为白色，如图 11-39 所示。

STEP 04 分别单独选择"清"和"图"字，设置"字体大小"为 80pt，效果如图 11-40 所示。

图 11-41　输入白色文本

图 11-42　设置文本属性

STEP 05 用与上同样的方法，输入并设置其他的文本内容，效果如图 11-43 所示。

图 11-43　输入其他文本内容

11.3　汽车广告制作实例

　　商业性广告是指传达各类商品、品牌或交易会等相关的广告。商业广告的特点是以促进商品流通或扩大劳务、服务范围为目的，以用户和消费者为主要对象，为用户和消费者当"参谋"、"向导"，是流通领域中沟通产、供、销信息的一个重要手段。本小节将以汽车广告为例，具体向用户讲解广告设计的应用。

　　本实例的最终效果如图 11-44 所示。

图 11-44　汽车广告——雅志生活

实战范例——制作背景效果

　　制作背景效果的具体操作步骤如下：

	素　材：	素材\第 11 章\小车内部 1、2、3.jpg、小车.jpg	效　果：	效果\第 11 章\制作背景效果
	视　频：	视频\第 11 章\制作背景效果.mp4	关键技术：	"水平镜像"按钮

STEP 01 新建一个横向的空白图形文件，绘制一个与页面相同大小的矩形，设置"填充色"为黑色，如图 11-45 所示。

STEP 02 单击"文件"|"导入"命令，导入一幅汽车图像素材，将其调整至合适的大小和位置，单击工具属性栏中的"水平镜像"按钮，水平镜像图像，如图 11-46 所示。

图 11-45　绘制矩形

图 11-46　导入汽车图像

STEP 03 运用矩形工具在汽车图像上方绘制一个合适大小的矩形，如图 11-47 所示。

STEP 04 运用挑选工具选择汽车图像，单击"效果"|"图框精确剪裁"|"放置在容器中"命令，鼠标指针呈黑色箭头形状，将鼠标移至矩形内，如图 11-48 所示。

图 11-47　绘制矩形

定位鼠标

图 11-48　定位鼠标

STEP 05 单击鼠标左键，创建图框精确剪裁效果，如图 11-49 所示。

STEP 06 通过编辑内容，将效果中的图像调整至合适的位置，效果如图 11-50 所示。

图 11-49　创建图框精确剪裁效果

图 11-50　调整图像位置

STEP 07 选择工具箱中的矩形工具，在图像上方绘制一个矩形条，设置"填充色"为白色、"轮廓色"为黑色，如图 11-51 所示。

STEP 08 选择工具箱中的交互式透明工具，设置"透明度类型"为"标准"、"透明度操作"为常规、"开始透明度"为 30，效果如图 11-52 所示。

图 11-51　绘制矩形

图 11-52　添加透明效果

STEP 09 单击"文件"|"导入"命令，导入一幅方向盘图像素材，调整其大小和位置，如图 11-53 所示。

STEP 10 用与上同样的方法，导入另外两幅图像素材，并调整至合适的大小和位置，效果如图 11-54 所示。

图 11-53　导入图像素材

图 11-54　导入另外两幅素材

实战范例——制作文本效果

制作文本效果的具体操作步骤如下：

素　　材：	素材\第 11 章\标志 01.psd	效　　果：	效果\第 11 章\制作文本效果
视　　频：	视频\第 11 章\制作文本效果.mp4	关键技术：	文本工具

STEP 01 选择工具箱中的文本工具，在绘图页面的左上角输入"雅志生活，从您开始"文本，设置"字体"为"方正超粗黑简体"、"字体大小"为 38.8pt、"填充色"为白色，如图 11-55 所示。

STEP 02 在白色文本的下方输入网址内容，设置"字体"为"华文中宋"、"字体大小"为

16pt、"填充色"为白色，如图 11-56 所示。

图 11-55　输入白色文本

图 11-56　输入网址文本

STEP 03 选择文本工具，将鼠标移至透明矩形的上方，单击鼠标左键，输入"212 新雅志"文本，设置"字体"为"方正超粗黑简体"、"字体大小"为 30pt，如图 11-57 所示。

STEP 04 运用文本工具在"212 新雅志"文本的右侧输入需要的文本内容，设置"字体"为"黑体"、"字体大小"为 12.4pt，如图 11-58 所示。

图 11-57　输入文本

图 11-58　输入并设置文本

STEP 05 单击"文件"|"导入"命令，导入一幅标志图像素材，将其调整至合适的大小和位置，效果如图 11-59 所示。

STEP 06 选择文本工具，在标志的右侧输入"湖南永运雅志汽车销售服务有限公司"文本，"字体"为"方正超粗黑简体"、"字体大小"为 19pt、"填充色"为白色，如图 11-60 所示。

图 11-59　导入标志图像

图 11-60　输入白色文本

STEP 07 运用文本工具在白色文本的下方输入地址和电话信息文本，设置"字体"为"黑体"、"字体大小"为 10pt、"填充色"为白色，如图 11-61 所示。

STEP 08 用与上同样的方法，在绘制页面的右下角输入其他的文本，并设置相应的属性，效果如图 11-62 所示。

图 11-61　输入信息文本

图 11-62　输入其他文本

◼ 11.4　房产广告制作实例

　　房产广告与汽车广告同属于商业性广告，下面制作房产广告，以加深对商业广告的应用。

　　本实例的最终效果如图 11-63 所示。

图 11-63　房产广告——梦里水乡

实战范例——制作背景效果

　　制作背景效果的具体操作步骤如下：

	素　材：	素材\第 11 章\外景.jpg	效　果：	效果\第 11 章\背景效果
DVD	视　频：	视频\第 11 章\制作背景效果.mp4	关键技术：	矩形工具、交互式阴影

STEP 01 新建一个横向的空白图形文件，绘制一个与页面相同大小的矩形，设置"填充色"为绿色、"轮廓色"为无，如图 11-64 所示。

STEP 02 运用矩形工具在绿色矩形的上方绘制一个矩形，设置"填充色"为白色、"轮廓色"为无，如图 11-65 所示。

图 11-64 绘制绿色矩形

图 11-65 绘制白色矩形

STEP 03 选择工具箱中的交互式阴影工具，在工具属性栏的"预设列表"列表框中选择"平面右下"选项，设置"阴影的不透明"为 70、"阴影羽化"为 2，并手动调整阴影的偏移距离，如图 11-66 所示。

STEP 04 运用工具箱中的矩形工具，在白色矩形的上方绘制一个合适大小的矩形，如图 11-67 所示。

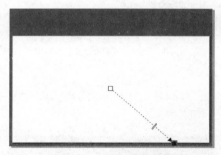

图 11-66 添加阴影效果

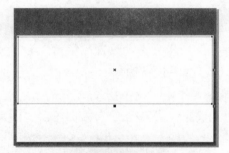

图 11-67 绘制矩形

STEP 05 单击"文件"|"导入"命令，导入一幅图像素材，调整大小和位置，单击工具属性栏中的"水平镜像"按钮，水平镜像图像，如图 11-68 所示。

STEP 06 选择图像下方的矩形框，将其移至图层前面，如图 11-69 所示。

图 11-68 导入图像素材

图 11-69 绘制矩形

STEP 07 运用挑选工具选择导入的图像素材，单击"效果"|"图框精确剪裁"|"放置在容器中"命令，此时鼠标指针呈黑色箭头形状，将鼠标移至绘制的矩形内，如图 11-70 所示。

STEP **08** 单击鼠标左键，创建图框精确剪裁效果，并将效果中的图像调整至合适的位置，如图 11-71 所示。

图 11-70　定位鼠标

图 11-71　创建图框精确剪裁效果

实战范例——制作文本效果

制作文本效果的具体操作步骤如下：

素　材：	素材\第 11 章\标志.jpg	效　果：	效果\第 11 章\制作文本效果
视　频：	视频\第 11 章\制作文本效果.mp4	关键技术：	文本工具

STEP **01** 选择工具箱中的文本工具，在绘图页面的上方输入"热带雨林私家院落，生态坡地浪漫空间。"文本，设置"字体"为"华文中宋"、"字体大小"为 42pt、"填充色"为白色，如图 11-72 所示。

STEP **02** 在白色文本的上方输入需要的英文文本，设置"字体"为"华文中宋"、"字体大小"为 24pt、"填充色"为白色，如图 11-73 所示。

图 11-72　输入白色文本

图 11-73　输入英文文本

STEP **03** 选择文本工具，在风景图像的中间位置输入"梦里水乡/"文本，设置"字体"为"华文中宋"、"字体大小"为 48pt、"填充色"为白色，如图 11-74 所示。

STEP **04** 运用文本工具在"梦里水乡/"文本的右侧输入"只缘身在此水中　优游碧海自得意"文本，设置"字体"为"华文中宋"、"字体大小"为 20pt、"填充色"为白色，如图 11-75 所示。

STEP **05** 单击"文件"|"导入"命令，导入一幅标志图像素材，调整其大小和位置，效果如图 11-76 所示。

图 11-74 输入文本

图 11-75 输入并设置文本

STEP 06 运用文本工具在标志图像的右侧输入一段文本内容,设置"字体"为"黑体"、"字体大小"为 14pt,效果如图 11-77 所示。

图 11-76 导入标志图像

图 11-77 输入并设置文本

11.5 梅竹家园手提袋制作实例

包装设计是平面设计不可或缺的一部分,它是根据产品的内容进行内外包装的总体设计工作,是一项具有艺术性和商业性的设计。成功的包装在传递商品信息的同时,还给人以美的艺术享受,提高商品的竞争力。

本实例的最终效果如图 11-78 所示。

图 11-78 手提袋——梅竹家园

实战范例——制作手提袋正面

制作背景效果的具体操作步骤如下：

素　材：	素材\第 11 章\梅.jpg、竹.jpg、小车.jpg	效　果：	效果\第 11 章\制作手提袋正面
视　频：	视频\第 11 章\制作手提袋正面.mp4	关键技术：	贝塞尔工具

STEP 01 新建一个横向的空白图形文件，在工具箱的矩形工具上双击鼠标左键，绘制一个与页面相同大小的矩形，设置矩形的"填充色"为深灰色（CMYK 颜色参数值分别为 33、27、27、0）到浅灰色（CMYK 颜色参数值分别为 6、5、5、0）的渐变色，并设置渐变的"角度"为 90，清除图形轮廓，如图 11-79 所示。

STEP 02 选择工具箱中的贝塞尔工具，在绘图页面的合适位置绘制一个闭合路径，设置"填充色"为白色、"轮廓色"为黑色，如图 11-80 所示。

图 11-79　绘制渐变背景

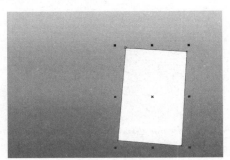

图 11-80　绘制闭合路径

STEP 03 单击"文件"|"导入"命令，导入一幅图像素材，调整大小、位置和旋转角度，如图 11-81 所示。

STEP 04 单击"效果"|"图框精确剪裁"|"放置在容器中"命令，鼠标指针呈黑色箭头形状，将鼠标移至白色的图形内，如图 11-82 所示。

图 11-81　导入图像素材

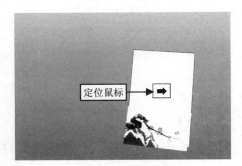

图 11-82　定位鼠标

STEP 05 单击鼠标左键，创建图框精确剪裁效果，如图 11-83 所示。

STEP 06 通过编辑内容，将效果中的图像调整至合适位置，如图 11-84 所示。

STEP 07 按【Ctrl＋I】组合键，导入一幅"竹"素材，调整大小和位置，如图 11-85 所示。

图 11-83 创建图框精确剪裁效果

图 11-84 编辑内容

STEP 08 单击"效果"|"图框精确剪裁"|"放置在容器中"命令，鼠标指针呈黑色箭头形状，将鼠标移至白色图形内，如图 11-86 所示。

图 11-85 导入图像素材

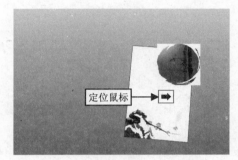

图 11-86 定位鼠标

STEP 09 单击鼠标左键，创建图框精确剪裁效果，将效果中的图像调整至合适的位置，如图 11-87 所示。

STEP 10 单击工具箱中的文字工具，在绘图页面的合适位置输入文字"梅竹家园"，设置"字体"为"经典繁毛楷"，并调整大小和位置，效果如图 11-88 所示。

图 11-87 创建图框精确剪裁效果

图 11-88 导入图像素材

实战范例——制作手提袋侧面

制作背景效果的具体操作步骤如下：

素 材：无		效 果：效果\第 11 章\手提袋侧面
视 频：视频\第 11 章\制作手提袋侧面.mp4		关键技术：钢笔工具

STEP 01 选择工具箱中的钢笔工具，在白色图形的右侧绘制一个闭合路径，设置"填充色"为深蓝色（CMYK 颜色参数值分别为 91、71、51、16），如图 11-89 所示。

STEP 02 运用钢笔工具在白色图形的顶端绘制一个闭合路径，并填充为白色，如图 11-90 所示。

图 11-89　绘制并填充图形

图 11-90　绘制图形

STEP 03 按【Ctrl＋PageDown】组合键，调整图形的叠放顺序，如图 11-91 所示。

STEP 04 运用钢笔工具在手提袋的左上角绘制一个闭合路径，并填充为深蓝色，如图 11-92 所示。

图 11-91　调整图形的叠放顺序

图 11-92　绘制并填充图形

实战范例——制作手提袋绳子

制作手提袋绳子的具体操作步骤如下：

	素　　材：	无	效　　果：	效果\第 11 章\制作手提袋绳子
	视　　频：	视频\第 11 章\制作手提袋绳子.mp4	关键技术：	贝塞尔工具

STEP 01 选择工具箱中的贝塞尔工具，在手提袋的上方绘制一个开放的曲线路径，如图 11-93 所示。

STEP 02 单击工具箱中的"轮廓颜色"图标，弹出"轮廓笔"对话框，在"宽度"列表框中选择 2.0mm 选项，选中"线条端头"选项区中的第 2 个单选按钮，单击"确定"按钮，更改曲线的属性，效果如图 11-94 所示。

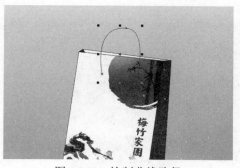

图 11-93 绘制曲线路径

图 11-94 设置曲线属性

STEP 03 运用工具箱中的钢笔工具，绘制另外一条曲线路径，并设置相应的属性，效果如图 11-95 所示。

STEP 04 用与上同样的方法，绘制另外一个横向的手提袋，效果如图 11-96 所示。

图 11-95 绘制另一条曲线

图 11-96 绘制横向手提袋

STEP 05 分别将两个手提袋进行群组，运用挑选工具选择长手提袋图形，选择工具箱中的交互式阴影工具，在工具属性栏的"预设列表"列表框中选择"平面左下"选项，设置"阴影羽化"为 5，并手动调整阴影的偏移距离，如图 11-97 所示。

STEP 06 用与上同样的方法，为宽手提袋图形添加同样的阴影效果，如图 11-98 所示。

图 11-97 添加阴影效果

图 11-98 为另外的图形添加阴影

▟ 11.6 本章小结

本章主要是运用 CorelDRAW X5 的软件设计会员卡、相机 POP 广告、汽车广告、房产广告和梅竹家园手提袋，通过对实例的操作，加深用户对 CorelDRAW X5 的主要功能的熟悉和运用，同时帮助用户将各章内容融会贯通，达到举一反三的目的，从而制作出更多的优秀作品。

▟ 11.7 习题测试

一、填空题

（1）单击"效果"|"_____"|"放置在容器中"命令，鼠标指针呈黑色的箭头形状，将鼠标移至圆角矩形内。

（2）_____是一种比较直接、灵活的广告宣传形式，它是产品销售活动中的最后一个环节。

（3）_____是指传达各类商品、品牌或交易会等相关的广告。

（4）商业广告的特点是以促进_____、服务范围为目的，以_____为主要对象，为用户和消费者当"参谋"、"向导"，是流通领域中沟通产、供、销信息的一个重要手段。

（5）_____是平面设计不可或缺的一部分，它是根据产品的内容进行内外包装的总体设计工作，是一项具有艺术性和商业性的设计。

二、操作题

（1）运用所学的知识制作名片，如图 11-99 所示。

（2）运用所学的知识制作 POP 广告——木罗西饼屋，如图 11-100 所示。

图 11-99 制作名片效果

图 11-100 POP 广告——木罗西饼屋